Fabio Vittorio De Blasio

Aria, acqua, terra e fuoco

Terremoti, frane ed eruzioni vulcaniche

Volume I

Fabio Vittorio De Blasio

Collana *i blu - pagine di scienza* ideata e curata da Marina Forlizzi

ISSN 2239-7477   e-ISSN 2239-7663

ISBN 978-88-470-2546-2   ISBN 978-88-470-2547-9 (eBook)
DOI 10.1007/978-88-470-2547-9

© Springer-Verlag Italia 2012

Coordinamento editoriale: Pierpaolo Riva
Progetto grafico: Ikona s.r.l., Milano
Impaginazione: Ikona s.r.l., Milano

Springer-Verlag Italia S.r.l., via Decembrio 28, I-20137 Milano
Springer-Verlag fa parte di Springer Science+Business Media (www.springer.com)

Prefazione

La tradizione antica e medioevale ci ha tramandato l'idea del cielo come luogo disgiunto da noi e immutabile che solo le comete riescono a perturbare col loro aspetto sinistro. Ma è davvero così? Nel 1908 qualcosa di molto concreto e devastante cadde su Tunguska, in Siberia. Oltre duemila chilometri quadrati di terreno furono rasi al suolo ma non fu trovato alcun frammento e nemmeno un cratere certo dal quale si potesse capire l'origine di quel disastro. La Siberia è disabitata e l'evento rimane solo un rebus scientifico. Ma se il misterioso oggetto venuto dallo spazio fosse stato in ritardo solo di poche ore, forse oggi San Pietroburgo, Stoccolma o Oslo sarebbero solo un ricordo. Il 1908 è solo un secolo fa. Possibile che oggetti con questo potere distruttivo possano minacciare la Terra una volta ogni qualche secolo?

In realtà la storia della vita sulla Terra è costellata di saliscendi culminati in improvvise estinzioni di massa che coinvolsero centinaia di migliaia di specie. La più famosa, ma non l'unica e nemmeno la più importante, fu quella che sradicò i dinosauri e le ammoniti alla fine del periodo Cretaceo, 65 milioni di anni fa. Fu veramente un asteroide a causarne la scomparsa come sostiene la teoria più accreditata? E da cosa furono causate le altre estinzioni di massa? Il rischio di venir coinvolti dalla prossima rende la domanda importante non solo per gli scienziati ma anche per i profani. Il flipper cosmico di asteroidi non è l'unica minaccia dallo spazio. Il pericolo potrebbe venire da stelle vicine o perfino dal nostro migliore amico, il Sole.

A questo aggiungiamo i cambiamenti climatici, sempre avvenuti nella storia della Terra. Basti pensare alle calotte polari: troneggiano come aureole sopra e sotto il nostro pianeta, ma sono un'acquisizione recente. Infatti la Terra non le ha quasi mai avute durante i suoi cinque o quasi miliardi di anni di storia, a dimostrare che viviamo in uno dei periodi più freddi. I cambiamenti climatici sono abbastanza lenti, ma costringono la vita a cambiare, a evolversi in maniera sufficientemente rapida, pena l'estinzione. E cambiamenti meno radicali e più a breve termine, soprattutto indotti dall'uomo, potrebbero avere conseguenze devastanti nel futuro prossimo.

Gli eventi così estremi sono per fortuna rari in quanto la frequenza delle catastrofi diminuisce al crescere della potenza distruttiva. Può sembrare una buona notizia, ma implica che ogni anno avvengano disastri assai più piccoli delle estinzioni di massa, ma molto più numerosi. Sono costantemente sui giornali. Terremoti, tsunami, inondazioni, frane, eruzioni vulcaniche, uragani. Sono eventi comuni, ma ogni volta li consideriamo come anomalie. In un certo senso questo ci rassicura poiché dà l'impressione che, se la catastrofe si fosse affrontata nella maniera giusta, se fosse stata più prevedibile, se la scienza fosse più avanzata, la morte e la devastazione si sarebbero evitate. In parte questo può essere vero, ma come vedremo le cose non sono così semplici perché le catastrofi sono un fenomeno naturale. In un mondo in folle crescita frenetica, senza remore per la conquista di nuovi ambienti che le antiche civiltà non si sognavano di colonizzare, l'impatto futuro delle catastrofi è destinato ad aumentare, non a diminuire.

Questi due libri si propongono come brevi appunti sul tema delle catastrofi. Si parla di come esse hanno origine, si introducono alcuni casi di studio, si commenta l'impatto sulla storia dell'uomo. Resteremo leggeri in un tema complesso e drammatico, introducendo semplici nozioni di fisica e geologia mescolati a elementi di storia e archeologia, per comprendere meglio l'impatto di questi fenomeni sulla vita dell'uomo. Non vi è alcuna pretesa di essere completi né sistematici. Visitando un grande museo d'arte vi è il tempo di ammirare alcuni dipinti gettando l'occhio sul titolo di qualche quadro curioso, mentre centinaia di capolavori restano solo macchie appese a un muro. In maniera analoga, in questi libri si propone l'assaggio a un tema vastissimo che viene trattato con curiosità e semplicità, ma non con superficialità.

La prima parte di questo lavoro – Terra – comprende i terremoti e le frane mentre la seconda parte – Fuoco – vede protagonisti i vulcani. Le due parti, che concludono questo primo volume, illustrano anche idee e concetti sull'interno terrestre, da dove molte di queste catastrofi prendono origine.

La terza parte apre il secondo volume e riguarda le catastrofi dell'Aria: tempeste, uragani, tornado, fulmini. Tocca poi a quelle dell'Acqua, ovvero alluvioni, siccità, tsunami, rottura di grandi dighe, fino a possibili catastrofi globali.

Nello sviluppare queste prime quattro parti procederemo conoscendo le forze responsabili delle catastrofi, cercando di descrivere come esse modifichino il pianeta e affliggano l'umanità, provando anche a prevedere quando colpiranno ancora.

La quinta parte è un po' diversa. Vedremo come lo studio del passato terrestre provi l'esistenza delle enormi catastrofi globali, le estinzioni di massa. Salvo alcuni casi, non sappiamo cosa le abbia causate; proprio come in un giallo classico, partendo dalle vittime cercheremo di trovare i colpevoli. Questa parte del libro prende il titolo di Aria, Acqua, Terra e Fuoco in quanto tutti e quattro gli elementi sono sospettati.

Nemmeno questi quattro elementi potrebbero essere sufficienti per spiegare le estinzioni di massa. L'ultima parte esaminerà le catastrofi dovute a oggetti provenienti dal cielo. Come abbiamo detto, l'uomo ne ha conosciuta direttamente una soltanto, Tunguska. Le catastrofi cosmiche, viste come quintessenza delle catastrofi naturali, potrebbero essere fra gli eventi più devastanti che la Terra ha sperimentato nel corso dei suoi cinque miliardi di anni.

Ringraziamenti

Molte delle foto sono originali e in assenza di spiegazioni sono state scattate dall'autore del libro. Per le foto fornite privatamente, il fotografo viene citato nella didascalia, mentre poche altre immagini provengono da Shutterstock. Alcune fotografie, immagini computerizzate o grafici provengono da enti pubblici come il servizio geologico americano (USGS), la NASA, l'Istituto Nazionale di Geofisica e Vulcanologia (INGV), l'ISPRA e l'Universitè Catholique de Louvain. Foto e stampe rare o mai pubblicate provengono dalla Civica Raccolta delle Stampe Achille Bertarelli e Archivio Fotografico di Milano. Per la lettura di alcune brevi parti ringrazio Marco De Blasio, Luca Medici, Marco Moresco; per fotografie o immagini Lisetta Giacomelli, Luca Postini, Roberto Scandone, Hassan Shahrivar, Giuseppe Vilardo; per alcuni consigli Giovanni Battista Crosta, Paolo Frattini, Paolo Mazzanti.

Le persone menzionate non hanno avuto alcun ruolo nelle possibili sviste o errori contenuti in questo libro.

Ringrazio infine Marina Forlizzi della Springer Italia per la fiducia e Pierpaolo Riva per l'assistenza tecnica.

Indice

Parte Prima

Terra

Il terremoto a L'Aquila del 6 aprile 2009

1. La Terra: inquieta e creatrice

1.1 Energia e catastrofi

Toba, Sumatra

Non lontano dalla riserva naturale di Bukit Lawang nella parte nord dell'isola indonesiana di Sumatra, riposa un lago di forma ellittica lungo 100 chilometri, largo 30 e profondo mezzo, il lago Toba (tavola 1). Ai turisti in visita ogni anno, Toba non appare per nulla strano o particolare. Ma secondo una teoria, sotto le sue acque azzurre si cela la canna da fuoco che 74.000 anni fa ha quasi sradicato l'umanità intera con un colpo solo. A indicarlo un fatto all'apparenza scollegato.

Riguarda un enigma biologico. Se una popolazione umana o animale rimane isolata, nel corso dei millenni essa modifica il suo patrimonio genetico a un ritmo continuo. Questo fa sì che le popolazioni del mondo si diversifichino col passare dei millenni. L'esame del DNA mitocondriale (ovvero degli organelli addetti a produrre energia all'interno delle cellule e che derivando da batteri hanno un codice genetico diverso da quello delle altre cellule) e di altre caratteristiche genetiche, mostra invece come tutte le popolazioni umane siano in realtà geneticamente molto simili.

La scarsa varietà genetica implica che l'umanità ha cominciato a diversificarsi da non più di centomila anni. In quei tempi lontani gli uomini dovevano essere in numero molto esiguo, forse non più di cinquemila individui. Tutte le diverse popolazioni umane, dai neri dell'Africa centrale alle popolazioni mongole, dai caucasici agli Inuit, deriverebbero da queste sparute comunità. Ma perché dopo centinaia di migliaia e anzi milioni di anni di storia gloriosa passata attraverso gli Australopiteci, l'*Homo habilis*, l'*Homo erectus*, la diversità umana si è all'improvviso ridotta drasticamente proprio mentre i Neanderthal stavano lasciando il posto all'uomo moderno? La storia dell'uomo è veramente come quei giochi televisivi in cui un concorrente dopo aver accumulato una fortuna perde tutto e deve ricominciare da capo? È stato suggerito che la risposta a queste domande potrebbe essere una catastrofe globale che avrebbe sterminato quasi tutta l'umanità, un'evoluzione a "collo di bottiglia".

L'analisi della geologia dell'area di Toba mostra che il lago occupa il fondo di un'enorme caldera vulcanica. Enormi depositi di ceneri vulcaniche mostrano che circa 74.000 anni fa, più o meno l'età giusta per il "collo di bottiglia" indicato dai biologi, il vulcano ebbe un'eruzione colossale. Si tratta di circa 2.800 chilometri cubi di materiale; un volume mostruoso, senza considerare i gas vulcanici che hanno certamente accompagnato l'eruzione. Secondo alcuni modelli, la radiazione solare che giunge al suolo e permette la fotosintesi potrebbe essersi ridotta anche di più di 1.000 volte a causa di tutto questo materiale emesso nell'atmosfera. Con la morte di buona parte della vita vegetale, molti erbivori sarebbero condannati e così i carnivori che si cibano di loro. Una catastrofe globale di questa portata avrebbe coinvolto l'uomo moderno proprio sul nascere.

22 febbraio 2222

La teoria che l'esplosione di Toba 74.000 anni fa abbia quasi sradicato l'umanità è ancora al vaglio degli specialisti. Ma supponiamo per un attimo che nel prossimo futuro Toba dia luogo a un'eruzione paragonabile. Poniamo questo accada il 22 febbraio 2222. Non mancherebbero i segnali della ripresa di un'attività esplosiva. Le prime avvisaglie sarebbero probabilmente percepite già alcuni anni prima; il terreno sarebbe visto gonfiarsi e poi riabbassarsi in lenti cicli, come il respiro di un gigante in letargo. I terremoti aumenterebbero di frequenza mentre i vulcanologi noterebbero uno stato di attività crescente e cambiamenti nella composizione dei gas.

La zona a cinquanta chilometri intorno alla caldera di Toba verrebbe forse evacuata, ma senza indicazioni precise sulla data di una possibile eruzione vi sarebbero resistenze da parte della popolazione. Il terreno monitorato dai satelliti si vedrebbe cambiare in maniera drammatica. La grande eruzione, la maggiore degli ultimi diecimila anni, sarebbe di una violenza inimmaginabile. La distanza di evacuazione si rivelerà inadeguata, come allontanarsi di soli dieci metri dall'esplosione di una granata. Ma sarebbe veramente possibile evacuare un'area maggiore? Se equivalente a quella di 74.000 anni fa, l'eruzione del 2222 avrebbe la potenza di dieci milioni di grosse bombe atomiche; devasterà un'area di cinquemila chilometri quadrati, spaccando in due tronconi l'isola di Sumatra. Al posto del lago di Toba vi sarà una nuova, immensa caldera. Colpite da eruzioni di ceneri vulcaniche ad alta temperatura e velocità (flussi piroclastici), le città a centinaia di chilometri di distanza verranno cancellate per sempre.

Le ceneri vulcaniche arriverebbero a coprire intere città a centinaia di chilometri dal centro dell'eruzione e all'inizio sarà necessario spalare il materiale dai tetti per evitare il crollo degli edifici. Questo accade in occasione di ogni eruzione con emissione di ceneri vulcaniche, come per esempio quella del Pinatubo del 1991. Ma qui l'area coinvolta sarebbe ben maggiore. A Giacarta sull'isola di Giava le ceneri raggiungerebbero quasi mezzo metro. I voli verrebbero sospesi, inizialmente solo intorno a un'area a centinaia di chilometri dal centro dell'esplosione. Poi l'area di no-fly verrebbe estesa sempre più, forse fino al blocco mondiale del volo. Ma il peggio arriverebbe nel corso degli anni seguenti.

Migliaia di chilometri cubi di ceneri e gas e forse un miliardo di tonnellate di zolfo iniettate nella stratosfera si ridistribuirebbero su tutto il pianeta, schermando così la radiazione del sole. La temperatura potrebbe abbassarsi di 3-5 gradi per almeno un anno in tutto il globo, rimanendo sotto la media per decenni. Nell'emisfero boreale la caduta di temperatura potrebbe essere maggiore, forse anche di 10 gradi. Una grossa percentuale dei raccolti andrebbero distrutti e la scarsità di cibo causerebbe una crisi globale di portata assai maggiore degli effetti locali dell'esplosione.

Quanti morti potrebbe causare un'eruzione del vulcano Toba nell'anno 2222? Se lo scenario qui descritto è realistico, è difficile non parlare di miliardi di persone. Anche se l'eruzione esplosiva di un vulcano come Toba è molto rara, Toba non è solo al mondo, ma fa parte di una brigata di *supervulcani,* mostri capaci di sconvolgere l'intero pianeta la cui miccia potrebbe essere già accesa. Se Toba non esploderà in un futuro vicino potrebbe farlo il vulcano di Yellowstone, famoso per il parco nazionale degli orsi. E che dire dei Campi Flegrei, nel napoletano?

Catastrofi immaginate e catastrofi reali

La catastrofe del 2222 è per fortuna soltanto immaginaria e c'è da sperare che storie di questo genere divengano la trama di un film drammatico piuttosto che la realtà, come per esempio il film *Supervolcano* realizzato dalla BBC e dedicato a Yellowstone. Però dello scenario solo la data è di fantasia mentre la successione degli eventi è basata sulle attuali conoscenze. Potrebbe andare molto male per l'umanità in un pianeta sovrappopolato e dipendente in modo vitale da centinaia di connessioni, tecnologie, complessità anche non necessarie che verranno annichilite durante un evento di questo genere. Anche se il mondo non esploderà nel 2222, esso potrebbe farlo in un'altra data, fra mille o diecimila anni. Forse in quel futuro remoto l'uomo avrà sviluppato tecniche efficaci di protezione da catastrofi così violente?

Abbiamo cominciato con catastrofi di tipo globale che riguarderanno l'umanità intera. Ma il mondo sperimenta ogni mese calamità di portata minore. Sebbene non così devastanti, molti di noi le incontreranno nel corso della vita. Eruzioni più piccole di quelle dei supervulcani potrebbero avere effetto più locale ma produrre pur sempre migliaia o decine di migliaia di morti. È quello che ci aspetteremmo per esempio da un'eruzione molto violenta di un vulcano della potenza del Somma-Vesuvio. Coi suoi 9,5 gradi Richter, il terremoto del 26 dicembre 2004 è stato uno dei più violenti mai registrati ed è costato un quarto di milione di morti soprattutto a causa dello tsunami. Un evento relativamente piccolo però, se paragonato ad altre catastrofi che hanno afflitto la Terra durante la sua storia.

Quali sono le catastrofi più comuni? E quali le più devastanti? Lo vedremo in dettaglio nel corso dei singoli capitoli, ma vale la pena anticipare qualche dato. La Tabella 1.1 riporta una classifica del numero di eventi calamitosi nel XX e XXI secolo. Con quasi diecimila eventi, il primo posto spetta ai tornado americani. Anche le inondazioni sono piuttosto comuni, con oltre duemila casi. Al terzo posto i cicloni tropicali ed extratropicali, seguiti dagli tsunami. Seguono i terremoti, le catastrofi atmosferiche diverse dai cicloni e dai tornado, la siccità, le frane, gli incendi, le temperature estreme, le tempeste invernali. I vulcani sono solo al dodicesimo posto seguiti dai tornado fuori dagli USA, dalle carestie e infine dagli *storm surge*, particolari catastrofi delle coste. È evidente che i disastri meteorologici sono i più numerosi.

Tabella 1.1 Catastrofi classificate per frequenza. Le parti 1 e 2 sono trattate nel presente volume, le 3 e 4 nel prossimo. Da Bryant (2005), modificato

Tipo di catastrofe	Numero di eventi	Parte del libro in cui sono trattate
Tornado (USA)	9476	3
Inondazioni	2389	4
Cicloni	1337	3
Tsunami	986	4
Terremoti	899	1
Altre dell'aria	793	3
Siccità	782	3
Frane	448	1
Incendi	269	3
Temperature estreme	259	3
Tempeste invernali	240	3
Vulcani	168	2
Tornado (fuori da USA)	84	3
Carestie	77	3+4
"Storm surge"	18	3

Basandosi sul danno economico il quadro cambia. Sono i terremoti a far i danni maggiori con quasi 250 miliardi di dollari l'anno. Seguono le inondazioni, le tempeste, gli incendi, la siccità, le temperature estreme. Il disastro più costoso del XX secolo è stato il terremoto di Kobe in Giappone, costato oltre 130 miliardi di dollari. La domanda forse più importante riguarda però il numero di vittime per ogni tipo di catastrofe. La risposta è riportata alla Tabella 1.2 per il solo XX secolo. Sono le inondazioni al primo posto con oltre sei milioni di morti (e quindi in media sessantamila all'anno), seguite dai terremoti (quasi due milioni); seguono i cicloni tropicali, i vulcani, le frane, i cicloni extra-tropicali, le ondate di calore, gli tsunami, le ondate di freddo, i tornado e infine al decimo posto gli incendi. Se

Tabella 1.2 Catastrofi classificate per numero totale di morti nel XX secolo. Da Bryant (2005), modificato. Da notare che se si tenesse conto anche dei dati del XXI secolo, gli tsunami balzerebbero al quarto posto a causa della catastrofe del 26 dicembre 2004

Tipo di catastrofe	Numero di morti	Evento principale, data e numero di morti
Inondazioni	6851740	Cina, luglio 1931 (3700000)
Terremoti	1816119	Tangshan, Cina, luglio 1976 (242000)
Cicloni	1147877	Bangladesh, novembre 1970 (300000)
Vulcani	96770	Martinica, maggio 1902 (30000)
Frane e dissesti idrogeologici	60501	URSS, 1949 (12000)
Cicloni extratropicali	36681	Europa del nord, febbraio 1953 (4000)
Temperature estreme (caldo)	14732	India, maggio 1998 (2541)
Tsunami	10754	Giappone, marzo 1933 (3000)
Temperature estreme (freddo)	6807	India, dicembre 1982 (400)
Tornado	7917	Bangladesh, aprile 1989 (800)
Incendi	2503	Usa, ottobre 1918 (1000)
TOTALE	10052401	

però inseriamo i dati anche di questo scorcio di XXI secolo come per le tabelle precedenti, gli tsunami balzano al quarto posto, prima dei vulcani. Le fluttuazioni nel numero di vittime possono quindi essere molto ampie in quanto singole catastrofi possono uccidere anche centinaia di migliaia o perfino milioni di individui.

La Fig. 1.1 mostra ancora qualcosa di interessante. Nel 1900 vennero riportate una decina di catastrofi, una quarantina nel 1960, quasi duecento nel 1980, cinquecento nel duemila. Sembrerebbe stiano aumentando nel tempo. È invece la popolazione mondiale a essere aumentata a dismisura, fornendo un bersaglio maggiore agli eventi calamitosi. Si sono inoltre espanse le aree di occupazione, con l'invasione di zone considerate inizialmente impervie o inabitabili. E la migrazione priva di cultura per i luoghi ha fatto spesso perdere la percezione per le possibili catastrofi. Per fare spazio a un'umanità in

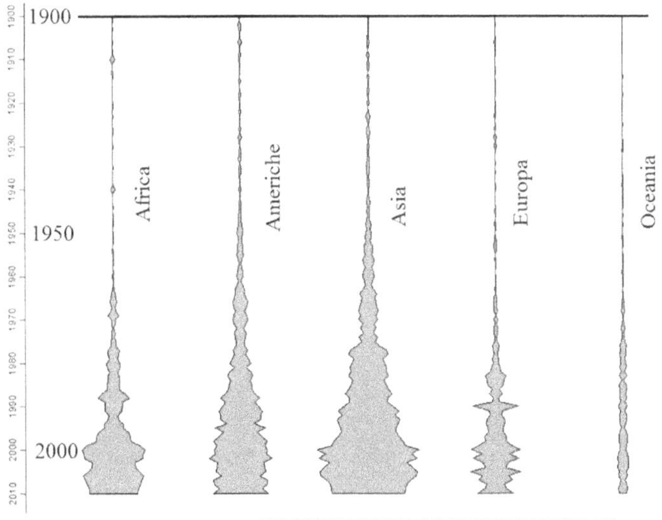

Fig. 1.1 Il numero di catastrofi per il periodo 1900-2010 nei cinque continenti è proporzionale alla larghezza della zona ombreggiata. Tratto da: "EM-DAT: The OFDA/CRED International Disaster Database www.em-dat.net - Université Catholique de Louvain - Brussels – Belgium"

crescita continua e anzi esponenziale, tutti gli ambienti sono stati colonizzati all'inverosimile. Così è anche per le coste marine, dove da qualche decennio l'occupazione è diventata selvaggia. Ne risulta un aumento delle vittime e dei danni economici per rischi geologici e meteorologici dovuti a catastrofi delle coste. Questo nonostante l'incremento enorme delle conoscenze di geologia, meteorologia, geofisica, ingegneria. Infine, è aumentata la qualità dell'informazione e molte catastrofi che un tempo sarebbero passate inosservate vengono sempre più riconosciute come tali. La Fig. 1.1 mostra anche numerosi picchi dovuti a eventi particolarmente disastrosi.

Aria, Acqua, Terra, Fuoco

Secondo uno dei più antichi filosofi greci, Talete di Mileto (640?-547? a.C.), l'acqua era l'*arché*, l'elemento alla base del mondo. La terra stessa galleggiava su un oceano e i terremoti erano paragonati agli scossoni che si percepiscono su una nave. Eraclito (535-475 a.C.) prediligeva il fuoco come elemento base dell'Universo; anche Anassagora (496-428 a.C.), affascinato dai terremoti, li spiegò come dovuti a fuochi interni al pianeta. Per Anassimene di Mileto (586-528 a.C.) l'elemento fondamentale era l'aria, che poteva anche trasformarsi in Terra. Come la caduta di massi o caverne fa vibrare il terreno, così i terremoti devono essere dovuti a crolli di volte o cavità sotto i nostri piedi. Archelao, anch'egli seguace di Talete nella scuola di Mileto, si chiese se i terremoti non fossero invece dovuti a vapori interni alla terra che cercavano di sfuggire verso la superficie.

Fu Empedocle di Agrigento (490?-430? a.C.) a generalizzare l'idea dell'*arché*, facendo dei quattro elementi la base per le trasformazioni chimiche, fisiche, geologiche e meteorologiche. Eraclide Pontico (385-322? A.C) afferma che Empedocle, affascinato dalle eruzioni dell'Etna, si gettò nel cratere per non essere riuscito a carpirne i segreti. Secondo Aristotele (384-322 a.C.) i quattro elementi erano solo le manifestazioni estreme di quattro stati d'essere della materia: caldo, freddo, secco, umido (Fig. 1.2). Il fuoco era l'elemento principe risultante dagli stati di caldo e secco, l'aria da caldo e umido. Il freddo secco

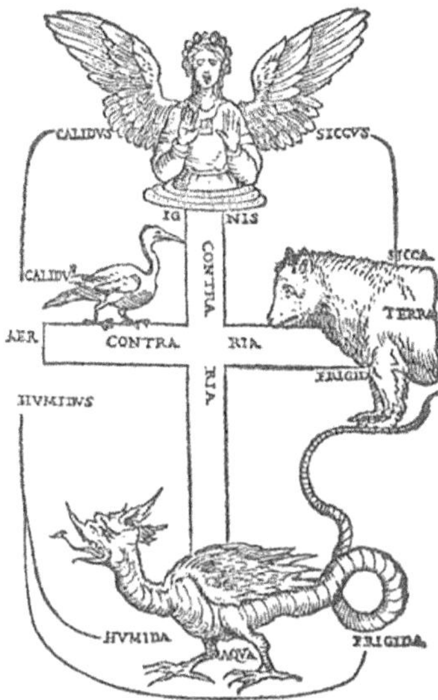

Fig. 1.2 I quattro elementi aristotelici nel lavoro cinquecentesco di Janus Lacinius "Pretiosa Marguerita". Si noti come fuoco e acqua siano contrari (non si presentano mai assieme) così come aria e terra

creava la terra, il freddo umido l'acqua. Ma gli elementi potevano anche trasformarsi gli uni negli altri, secondo una teoria ripresa nel Medioevo e in voga fino a Robert Boyle (1627-1691).

La chimica e la scienza presero ben altre strade, e oggi gli elementi aristotelici hanno valore solo nella storia della filosofia. Tuttavia l'insistenza dei filosofi su questi quattro elementi non è casuale: sono infatti i quattro stati in cui la materia si rende più visibile. L'acqua fondamentale per la vita, la terra della quale siamo fatti e sulla quale si trascorre l'intera esistenza, l'aria che respiriamo, base del vento, del trasporto di calore e del freddo, e infine il fuoco che identificato anche col Sole dà la vita stessa. Tuttavia i quattro elementi danno anche distruzione e morte. In primo luogo durante i terremoti, la catastrofe più agghiacciante e comune nell'area mediterranea, culla della filosofia e per questo oggetto di teorie e ipotesi; ma anche in altri tipi di disastri naturali. Secondo Aristotele, le eruzioni vulcaniche erano create dall'aria spinta dai venti nelle fessure delle rocce; molto più tardi il naturalista Lazzaro Spallanzani (1729-1799) chiamò in causa il fuoco, come sembra più naturale.

L'acqua nelle tempeste, la terra che all'improvviso diventa mobile o crolla, l'aria con i suoi fenomeni meteorologici a volte catastrofici, il fuoco dei vulcani e degli incendi. Gli antichi avevano notato come quegli stessi elementi che ci danno la vita ce la possono anche togliere. E in fondo questo principio è ritenuto valido anche oggi e farà da denominatore comune in tutto il libro.

L'energia sulla Terra

L'acqua impetuosa di un torrente di montagna, il lento fluire di un fiume di pianura, il movimento di un ghiacciaio, la pioggia, le correnti oceaniche, i venti. Non si può dire che la superficie terrestre sia un posto noioso. Tutto scorre, secondo il noto pensiero di Eraclito (535-475 a.C.). E nella Bibbia si legge che *Tutti i fiumi vanno verso il mare eppure il mare non si riempie mai* (Ecclesiasiaste 1:7). Se potessimo osservare la superficie terrestre in un film accelerato diecimila volte, vedremmo anche il suolo e le rocce muoversi plasticamente. Perché gli elementi sulla superficie della terra non cessano di fluire? Cosa produce l'incessante movimento dell'aria, dell'acqua, del ghiaccio? Devono esistere dei processi che caricano continuamente la Terra di energia.

La prima fonte di energia è il Sole. I raggi solari sono il frutto di un lungo viaggio che comincia nel nocciolo della nostra stella, dove le reazioni nucleari convertono l'idrogeno in elio (→ vol. 2). Nelle reazioni viene persa una certa quantità di massa cosicché il sole diventa ogni secondo quattro milioni di tonnellate più leggero, un dimagrimento impressionante ma pur sempre irrilevante rispetto al peso della nostra stella. L'energia passa poi agli strati più esterni del sole fino a venire emessa dalla superficie sotto forma di radiazione elettromagnetica ovvero luce, raggi X, radioonde, radiazione infrarossa. Di questa energia solo un miliardesimo viene intercettata dalla terra. Ma è sufficiente a riscaldarla permettendo la vita, complice anche l'effetto serra di cui si dirà in seguito (→ vol. 2).

Se non fosse per la radiazione del sole, la terra sarebbe freddissima: Marte, del 50% più lontano dal sole rispetto alla terra, ha una temperatura media di 60 gradi sotto lo zero e Plutone, 40 volte più lontano dal sole, di soli 240 gradi sotto lo zero. È la radiazione solare a mantenere alta la temperatura alla superficie della terra, con l'aiuto della nostra atmosfera. La stessa radiazione che si vorrebbe catturare per risolvere il problema energetico in maniera pulita (e che, ironicamente, proviene da processi nucleari). La natura ci ha preceduto anche qui, sfruttando in pieno i quasi centottanta miliardi di Megawatt che giungono dal sole sulla terra[1]. Di questi, una parte di cinquanta miliardi di Megawatt viene riflessa indietro nello spazio ("radiazione riflessa" in Fig. 1.3) mentre il resto ("radiazione ricevuta" in Fig. 1.3) cade sulla Terra dove viene convertita in calore. Questo calore fa muovere i venti che a loro volta contribuiscono a far circolare le acque degli oceani. Con l'evaporazione (l'energia di evaporazione è circa la metà di quella totale convertita in calore) l'acqua ritorna all'atmosfera e qui staziona fino a ricadere come pioggia o neve in un ciclo incessante (Fig. 1.3).

Torrenti e fiumi non potrebbero esistere se non ci fossero i continenti e gli altopiani, dato che un corso d'acqua si origina da una quota elevata rispetto al livello del mare. Un fiume erode di solito al tasso di

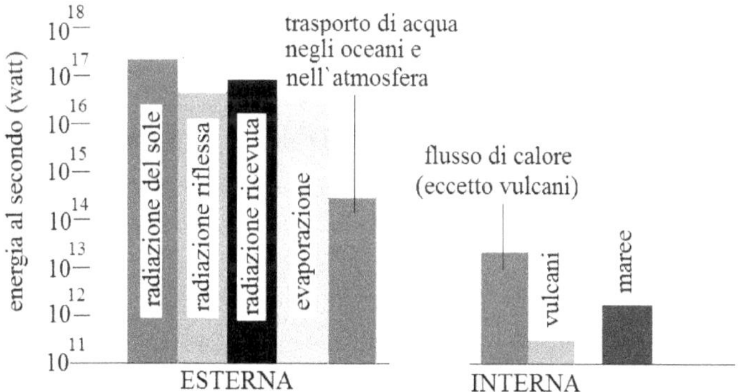

Fig. 1.3 Forme di energia sulla Terra ed energia al secondo (watt). La radiazione del sole che cade sulla terra, per esempio, è di 1.7 10^{17} watt. Il numero 10^{17} indica un 1 seguito da 17 zeri (per esempio 10000 si scrive anche 10^4)

---

[1] Il watt è l'unità di misura dell'energia prodotta o ricevuta in un secondo. "Mega" significa un milione di volte.

qualche centimetro l'anno. Sembra poco, ma la Terra di anni ne ha parecchi e in pochi milioni di anni – meno di un millesimo dell'età terrestre – i fiumi finirebbero per divorare intere catene montuose. Deve esistere qualche altra forma di energia che ringiovanisce in continuazione la superficie terrestre, facendola risollevare. Un secolo fa si pensava che le montagne si formassero per via della contrazione della Terra, come una mela che si raggrinzisce. Oggi sappiamo invece che la Terra non solo non diminuisce di raggio (forse l'ha addirittura aumentato), ma che le montagne si formano per movimenti orizzontali della litosfera, lo strato più esterno della Terra. Costa molta energia muovere la litosfera, dato che essa appoggia su uno strato molto viscoso. Questa energia proviene dall'interno della Terra: una trentina di milioni di Megawatt sfornati in continuazione per miliardi di anni. Anzi, nel passato della terra l'energia era assai superiore e ammontava fino a cinque volte di più. Qual è la sua origine?

La fornace nell'interno terrestre

Che la Terra sia una specie di fornace è noto anche ai minatori, i quali sperimentano come sottoterra faccia molto più caldo. Passati i primi metri di profondità, la temperatura aumenta di tre gradi ogni cento metri. I primi scienziati e filosofi alle prese con il problema della struttura interna della Terra dovettero quindi spiegare anche la sorgente di calore nell'interno terrestre. Secondo Cartesio (1596-1650) la Terra deriva da materia stellare in raffreddamento. L'interno ancora caldo sarebbe all'origine dei fenomeni vulcanici, della formazione dei continenti e naturalmente del calore interno osservato dai minatori.

Athanasius Kircher (1602-1680), un gesuita di poco più giovane di Cartesio, fu erudito in molti campi dello scibile dalla fisica alla filologia. Fu tra l'altro il primo a capire che il copto è la lingua residua degli antichi egizi, aprendo la strada all'interpretazione dei geroglifici. Anche lui colpito dal problema dell'energia interna della Terra, suppose la presenza di fuochi terrestri nel *Mondus subterraneus*. Una sua famosa illustrazione mostra l'interno terrestre infuocato da un enorme incendio (Fig. 1.4). Il calore così generato riscalderebbe l'acqua (ripartita secondo strutture dendritiche nell'illustrazione) dando luogo alle sorgenti termali. Tuttavia non siamo più nel Rinascimento ma ormai in pieno razionalismo e le idee di Kircher, riportate in dodici libri con illustrazioni e testi ricchi di dettagli sospetti, dovettero apparire a persone come Cartesio a metà tra opere di fantasia e di scienza.

L'origine dell'energia interna della Terra è ancora una volta di tipo nucleare. Fra i tanti nuclei atomici presenti all'interno del nostro pianeta, alcuni sono instabili e decadono in nuclei più stabili. Così facendo emettono particelle nucleari: particelle alfa (ovvero nuclei di atomi di elio) e particelle beta (elettroni) insieme a raggi gamma, ovvero onde elettromagnetiche come la luce e i raggi X, ma di frequenza ed energia molto più elevate. Tutta questa radiazione viene assorbita dalla materia circostante per esser infine convertita in calore. I nuclei instabili sono soprattutto l'uranio 235, l'uranio 238 (questi numeri indicano il numero di particelle nel nucleo, comprensivo di protoni carichi positivamente e neutroni neutri), il potassio 40, il torio 232. Il calore prodotto dai decadimenti nucleari si diffonde verso la superficie, spiegando così l'esistenza di un flusso di calore dall'interno terrestre. L'energia prodotta all'interno della terra per unità di tempo è però molto inferiore a quella ricevuta dal sole, come mostra la Fig. 1.3.

Anche i fenomeni vulcanici sono dovuti al calore generato all'interno del nostro pianeta. E tuttavia l'energia sviluppata in un secondo dai vulcani ammonta a 3×10^{11} watt (ovvero 300.000.000.000, un 3 seguito da 11 zeri), solo un centesimo del calore prodotto internamente. Evidentemente il grosso del calore interno se ne va tranquillamente attraverso la crosta.

L'energia viene introdotta anche attraverso effetti gravitazionali. Il fenomeno più noto è quello delle maree, in cui la luna e il sole causano la formazione di protuberanze dell'oceano e del terreno. L'attrito incontrato causa una perdita di energia gravitazionale e la dissipazione di calore. Per produrre energia mareale sulla terra, la luna ha sacrificato la sua energia di rotazione; ecco perché oggi ci rivolge sempre la stessa faccia.

Nel passato più remoto della terra l'impatto di grossi meteoriti era la norma. È un processo che rilascia molta energia in quanto i meteoriti cadono a velocità di decine di chilometri al secondo. Questi impatti contribuirono a mantenere la terra fusa per lungo tempo, ma oggi non rappresentano più un apporto significativo di energia. Quando la terra era fusa, i minerali pesanti migravano verso il centro della terra mentre quelli più leggeri galleggiavano in superficie. Anche questo processo di differenziazione contribuì a produrre quantità non trascurabili di energia soprattutto nel passato remoto della terra.

Tutte queste forme di energia mantengono il pianeta attivo da miliardi di anni. Ma essi sono anche la fonte essenziale delle catastrofi naturali. Se l'energia del sole dovesse dimezzarsi, la temperatura della

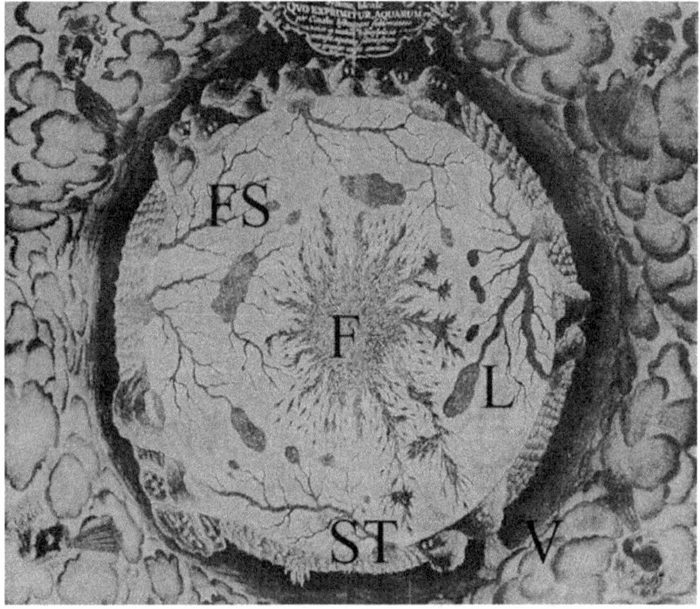

Fig. 1.4 La struttura interna della Terra secondo Athanasius Kircher. Un fuoco centrale (F) e le sue ramificazioni produrrebbero le eruzioni vulcaniche (V); allo stesso tempo riscalderebbero dei laghi sotterranei (L) e dei fiumi sotterranei di forma dendritica (FS) che darebbero luogo alle sorgenti termali (ST) e quindi agli oceani

terra diminuirebbe di una cinquantina di gradi. All'improvviso non avremmo più uragani, tornado, grandinate. Ma nemmeno la fotosintesi e la vita scomparirebbe rapidamente. Se invece fosse l'energia prodotta all'interno della terra a finire per magia, scomparirebbero i terremoti, le frane, le eruzioni vulcaniche. I continenti fermerebbero il loro lento e imperturbabile movimento orizzontale per esser disgregati rapidamente dall'erosione fino a formare superfici piatte chiamate *penepiani*. Si tratta di zone antiche e geologicamente poco attive. Se tutti i continenti diventassero così, non vi sarebbero più montagne, l'altitudine media si attesterebbe a poche centinaia di metri e la varietà dei climi come la conosciamo oggi scomparirebbe. Solo una piccola frazione delle specie viventi sopravviverebbe in un ambiente così poco diversificato.

Prima proposizione sulle catastrofi naturali

Nella tragedia greca antica, la parola "catastrofe" indicava la quarta e ultima parte di un pezzo teatrale. Solo nel seguito è passata a indicare un evento così devastante da chiudere in maniera finale e definitiva una certa situazione. Una catastrofe quindi distrugge in maniera permanente, cambia il corso degli eventi, annichila civiltà. Qui il termine viene esteso anche a eventi non così radicali, per i quali spesso si usano propriamente i termini più moderati di "disastro" o di "calamità".

La definizione di catastrofe può essere così enunciata:

Una catastrofe naturale è un evento di origine naturale che comporta una distruzione permanente di comunità biologiche non umane oppure umane, e alla distruzione di manufatti e opere industriali. Porta alla morte o all'estinzione di intere comunità e a effetti permanenti (abbandono di luoghi o modi di vivere) per le comunità sopravvissute. L'impatto della catastrofe può essere diminuito oppure esaltato dalle opere ingegneristiche dell'uomo. Un disastro o calamità ha una portata minore di una catastrofe, e permette una ripresa in tempi più brevi e senza cambiamenti radicali.

Nel seguito verranno identificate alcune proposizioni sulle catastrofi naturali intese come una sinossi, un tentativo di unificare alcuni principi alla base di tutte le catastrofi. Qui possiamo identificare una prima proposizione.

Prima proposizione sulle catastrofi naturali (legge della sorgente):

Molte catastrofi sono alimentate dalle stesse e sorgenti di energia che rendono possibile l'attività geologica, meteorologica, e idrologica sulla Terra, nonché la vita stessa.

1.2 L'interno della Terra

I meteoriti e la teoria di Suess

I pozzi e le gallerie equivalgono a scalfire la superficie terrestre in maniera insignificante. Perfino oggi la trivellazione più profonda del mondo nella penisola di Kola in Russia, arriva solo a tredici chilometri di profondità. Se la Terra fosse un'arancia, il pozzo di Kola equivarrebbe a una puntura di un decimo di millimetro. Com'è possibile conoscere la composizione terrestre senza un accesso diretto all'interno? Un tentativo fu fatto dal geologo Suess basandosi su un'idea all'apparenza insostenibile, un'idea basata sul pensiero laterale come potrebbe suggerirla Edward De Bono. È vero che non abbiamo accesso alle rocce del profondo terrestre, ma conosciamo bene altre rocce che forse sono simili. Sono i meteoriti, frammenti rocciosi che cadono in continuazione dal cielo.

I meteoriti si dividono in tre gruppi: quelli metallici, quelli pietrosi e quelli sia metallici che pietrosi. I metallici sono per lo più formati da ferro (sono infatti detti anche ferrosi) con una percentuale di nichel di circa il 6%; vi sono anche meteoriti con frazioni di nichel ben maggiori, ma sono un'eccezione. Dividendo la massa della Terra col volume si ottiene una densità media di oltre 5,5 grammi per centimetro cubo. Molto di più della densità media delle rocce alla superficie terrestre, che è di circa 2,7 grammi per centimetro cubo. L'interno della Terra deve quindi essere molto più denso delle rocce alla superficie.

Suess ragionò che se i meteoriti erano i residui di un pianeta disintegratosi durante la formazione del sistema solare, allora i densi meteoriti ferrosi dovevano corrispondere alla parte centrale del pianeta, il nucleo. I meteoriti pietrosi, più leggeri, rappresenterebbero invece una parte più superficiale. Se la Terra è un pianeta simile a quello disintegratosi, la sua composizione deve essere simile.

Suess propose che la Terra avesse una struttura a strati concentrici come una cipolla. In base all'analogia coi meteoriti ferrosi, il nucleo fu chiamato Nife (Nichel + Ferro) mentre uno spicchio più esterno composto da silicati di Ferro e Magnesio analoghi ai meteoriti pietrosi fu chiamato Sima. Infine la corteccia esterna fu chiamata Sial (silicati di Alluminio). La composizione del Sial non era basata su meteoriti, ma questo non era un problema dato che la composizione delle rocce alla superficie terrestre si poteva osservare direttamente. La teoria di Suess, formulata nel 1885, era affascinante in quanto forniva una soluzione a due problemi all'apparenza disgiunti: l'origine dei meteoriti e la costituzione interna della Terra. Ma oltre a non fornire alcuna risposta diretta al problema dell'origine del calore interno della Terra, la teoria richiedeva ulteriori verifiche. Si poteva verificare o falsificare?

Onde sismiche

Ogni anno avvengono diversi milioni terremoti sulla Terra, diecimila ogni giorno, cinque-dieci ogni minuto. La maggior parte sono di violenza assai inferiore a quelli di Messina e Reggio che considereremo tra poco, e anzi impercettibili senza strumenti. Vedremo inoltre che un terremoto ha origine dal movimento di faglie, superfici di discontinuità della superficie terrestre. Il punto da cui ha avuto origine il terremoto, l'ipocentro, è profondo di solito meno di 70 chilometri. Alla superficie terrestre le onde sismiche vengono percepite come un terremoto e possono portare a immense distruzioni. Ma è alle onde che si muovono verso l'interno della Terra che noi ora rivolgiamo l'attenzione.

Le onde sono un fenomeno comune in natura. La luce è costituita da onde elettromagnetiche della stessa famiglia delle onde radio e dei raggi X. Il suono è dovuto a onde di densità in cui l'aria si comprime e si rarefà ritmicamente. In maniera analoga, quando si origina un terremoto nelle profondità terrestri, le rocce vengono perturbate, deformandosi elasticamente. Ma la perturbazione non rimane localmente, come sarebbe il caso di un materiale perfettamente plastico e deformabile. Poiché le rocce sono elastiche, una roccia perturbata dalla sua posizione di equilibrio tenderà a tornarci, oscillando un po' come una molla. La perturbazione, una volta generata, viaggia quindi attraverso le rocce terrestri: sono proprio queste le onde sismiche. In profondità esistono due tipi di onde sismiche. In un tipo di onda, le particelle che compongono le rocce si muovono lungo la stessa direzione dell'onda (Fig. 1.5). Si tratta delle onde longitudinali o di compressione-rarefazione, del tutto analoghe alle onde di suono nell'aria. Un altro tipo di onda è quella trasversale, in cui le particelle del mezzo si muovono trasversalmente rispetto alla direzione di propagazione dell'onda (Fig. 1.5). Il metodo più semplice per creare delle onde trasversali è quello di alzare d'improvviso l'estremità di una corda tenuta fissa all'altra estremità. Nello studio dei terremoti, le onde longitudinali vengono anche chiamate onde P o primarie, quelle tra-

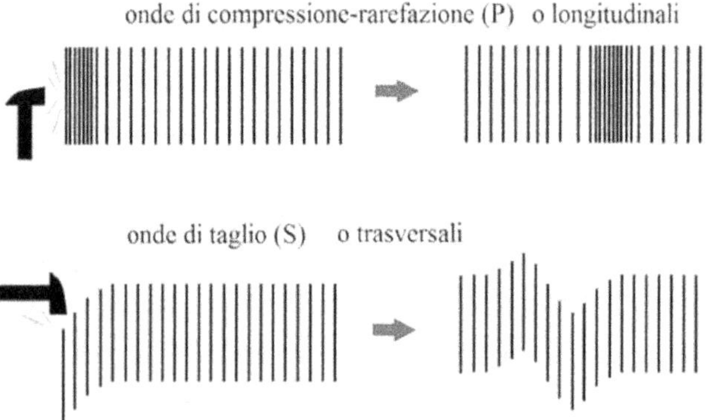

Fig. 1.5 Onde di compressione-rarefazione o longitudinali (dette onde P o primarie nello studio dei terremoti) e onde di taglio o trasversali (dette onde S o secondarie) illustrate con un semplice modello cencettuale. Del primo tipo sono le onde sonore

sversali onde S o secondarie. Il motivo è che le P sono più veloci delle S; una volta generate in profondità arrivano prima alla stazione di osservazione.

Vi sono altre due semplici leggi sulle onde sismiche. La prima: la velocità sia delle onde P sia di quelle S aumenta con la densità del mezzo in cui si propagano. La seconda: le onde P si propagano sia nei solidi sia nei liquidi, mentre le onde S si propagano nei solidi ma non nei liquidi. Il motivo per la riluttanza delle onde S a propagarsi nei liquidi è facile da capire riferendosi ancora all'analogia della corda: perché si propaghi un'onda lungo la corda è necessario che essa sia solida! Da queste tre semplici leggi e molta pazienza i sismologi nel corso di decenni hanno dato un contributo decisivo nello studio dell'interno terrestre. Esistono anche onde più lente delle onde S, le onde di superficie. Hanno oscillazioni complesse e contribuiscono molto alla distruzione di un terremoto.

Discontinuità

Nel 1909 il sismologo e meteorologo Andrija Mohorovicic fece una scoperta sorprendente. La Fig. 1.6 mostra la propagazione delle onde sismiche generate da un terremoto superficiale. Se il mezzo fosse perfettamente omogeneo, la velocità delle onde sarebbe circa costante e quindi il tempo intercorso tra il sisma e l'osservazione risulterebbe circa proporzionale alla distanza tra l'ipocentro e la stazione stessa. Poiché le onde P arrivano prima delle S, i tempi misurati in funzione della distanza produrrebbero due linee rette, una per le onde P e una per le onde S (grafico inferiore di Fig. 1.6). Ma durante un terremoto avvenuto nella natia Croazia nell'ottobre 1909, Mohorovicic osservò qualcosa di strano e assai più intrigante. I tempi di arrivo delle onde P ed S (Fig. 1.7 in alto) non aumentavano più dopo una certa distanza delle stazioni sismiche dall'ipocentro (stazioni 5 e 6 di Fig. 1.7).

Era come se alcune delle onde avessero viaggiato più velocemente di oltre un chilometro e mezzo al secondo. Com'era possibile? Mohorovicic interpretò questo fatto ipotizzando proprietà diverse tra la parte superiore della superficie terrestre (in grigio chiaro nella Fig.

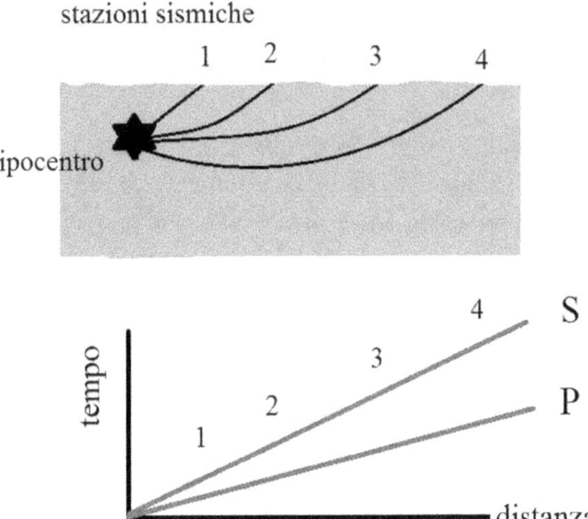

Fig. 1.6 In questo semplice schema, un terremoto genera onde sismiche che vengono ricevute da una serie di stazioni. In un mezzo omogeneo, i tempi di viaggio delle onde sono proporzionali alle distanze. Inoltre le onde P giungono prima delle S

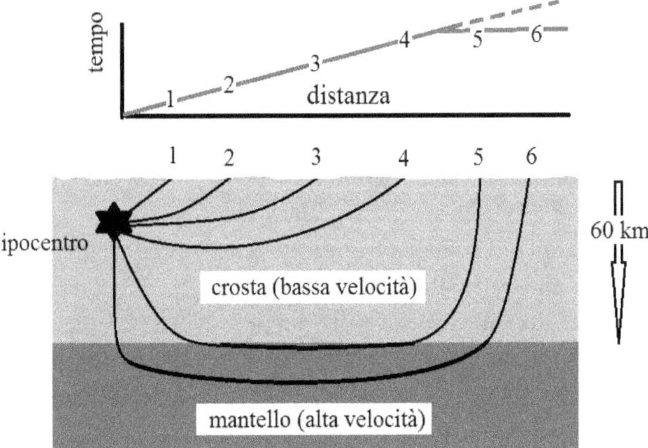

Fig. 1.7 Passaggio brusco tra le rocce della crosta (grigio chiaro) e il materiale più denso del mantello superiore (grigio scuro). Alcune delle onde percorrono una parte del mantello, e recuperando parte del tempo raggiungono stazioni lontane (5 e 6) in anticipo rispetto al caso in cui il mantello non fosse presente. Fu con una geometria simile che Mohorovicic scoprì la discontinuità tra crosta e mantello che oggi porta il suo nome

1.7 in basso) e quella al di sotto di una sessantina di chilometri (in grigio scuro), separate da una discontinuità. Se la parte inferiore è molto più densa, le onde sismiche viaggiano più velocemente. I raggi che raggiungono le stazioni 5 e 6 nel disegno hanno viaggiato in parte in queste regioni di maggiore velocità sismica, recuperando così parte del tempo necessario per coprire la maggiore distanza. La parte superiore fu in seguito identificata con la crosta terrestre propriamente detta. Quella inferiore fa invece parte del mantello inferiore. L'interfaccia tra crosta e mantello fu chiamata ovviamente discontinuità di Mohorovicic, o semplicemente Moho. Sotto i continenti, la profondità della discontinuità di Mohorovicic varia da 40 a 70 chilometri.

Rimane una questione da spiegare. La Fig. 1.6 mostra che le onde sismiche appaiono curve; inoltre, vicino a una discontinuità esse cambiano bruscamente la traiettoria (Fig. 1.6 e 1.7). Si tratta di un effetto di rifrazione, comune a tutti i fenomeni ondulatori e dovuto al fatto che le onde si muovono in un mezzo di densità variabile.

I terremoti rivelano l'interno terrestre

Le onde sismiche dovute a un grosso terremoto o un'esplosione nucleare sono capaci di viaggiare parecchie volte all'interno del globo prima di attenuarsi. Possono quindi essere usate non soltanto nel definire le strutture locali, ma anche nella comprensione della struttura della Terra alla scale delle migliaia di chilometri. In una Terra omogenea, le onde sismiche si propagherebbero come mostra la Fig. 1.8.

L'ipocentro è designato con una stella e le traiettorie delle onde sismiche apparirebbero come linee rette. Se invece la densità aumentasse con la profondità in maniera continua attraverso l'intero globo terrestre, si osserverebbero traiettorie curve come nella figura centrale.

In realtà già i primi studi sismologici mostrarono la presenza di zone d'ombra. La zona d'ombra è una regione della superficie terrestre compresa tra un angolo di 105 gradi e uno di 142 gradi dalla sorgente in cui le onde P "dirette" (cioè provenienti direttamente dalla

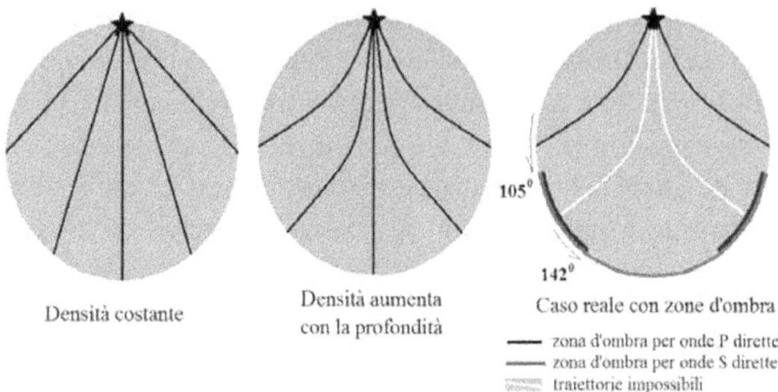

Fig. 1.8 In una Terra a densità costante le traiettorie delle onde P ed S sarebbero semplicemente delle linee rette (sinistra). L'aumento della densità con la profondità le fa incurvare (centro). Si osservano inoltre delle zone d'ombra in cui scompaiono le onde dirette. La zona d'ombra è più estesa per le onde P che per le S. Le figure sono altamente schematiche

sorgente e non riflesse o rifratte dalle discontinuità interne della Terra) non si osservano. Una di queste traiettorie mai osservate è mostrata in bianco. Le onde P ricompaiono per posizioni più antipodali, oltre 142 gradi. La figura riportata alla tavola 2 mostra il progredire delle onde sismiche P sulla superficie terrestre. Il punto rosso rappresenta l'epicentro di un piccolo terremoto mentre i cerchi successivi (che sono concentrici sulla superficie terrestre ma su una mappa bidimensionale come questa appaiono come rettangoli arrotondati) sono le posizioni raggiunte dalle onde al tempo indicato (in ore). Nella figura, la zona d'ombra è compresa tra le due linee nere. Contrariamente alle onde P dirette che riappaiono oltre 142 gradi, le onde S scompaiono anch'esse a un angolo di 105 gradi, ma non riappaiono più. Qual è la causa delle zone d'ombra?

La Fig. 1.9 svela il mistero. Le onde sismiche scompaiono per angoli superiori a 105 gradi perché sono intercettate da un nocciolo interno, il nucleo terrestre (grigio chiaro nella figura). Le onde P sono rifratte cambiando traiettoria radicalmente. La figura spiega anche perché le onde P ricompaiono ad angoli superiori ai 142 gradi. Le onde S vengono invece assorbite completamente dal nucleo.

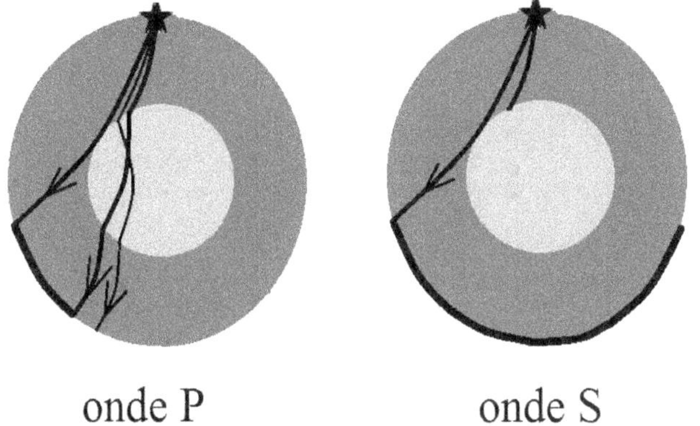

Fig. 1.9 L'origine della zona d'ombra. In grigio chiaro il nucleo terrestre. La scomparsa delle onde S dimostra che il nucleo esterno della Terra non è solido, ma liquido

La struttura della Terra, in breve

Per riassumere, gli studi di geochimica e sismologia hanno portato al seguente modello per la struttura dell'interno terrestre.

La parte più superficiale delle masse continentali, la crosta terrestre, è molto diversa tra i continenti e gli oceani. Sui continenti, la crosta è formata da rocce sedimentarie come per esempio i calcari, ignee (graniti o rocce vulcaniche) e rocce metamorfiche cristalline (gneiss, quarziti). Nella parte inferiore della crosta le onde sismiche viaggiano a circa 7 chilometri all'ora. Questa e altre osservazioni mostrano che la base della crosta deve essere formata da rocce simili al basalto (Fig. 1.10).

Sotto gli oceani, la crosta non ha rocce cristalline e granitoidi. Sotto un sottile strato di fanghi o sabbie depositatisi in tempi molto lunghi, si passa immediatamente ai basalti. Mancano anche gli spessi pacchi sedimentari; la crosta oceanica è quindi molto più sottile di quella continentale. La differenza tra crosta continentale e oceanica è schematizzata in Fig. 1.11A.

A una profondità compresa tra di 40 e 70 chilometri sotto i continenti incontriamo la nostra vecchia conoscenza, la discontinuità di Mohorovicic. Poiché la crosta oceanica è più sottile, la Moho è molto

Fig. 1.10 In alto: basalto colonnare. Gole dell'Alcantara, Sicilia (Italia). In basso: eclogite; il minerale verde è un pirosseno (contiene quindi molto ferro e magnesio) mentre quello rosso è un granato (queste figure sono riprodotte nella tavola 3 a colori)

meno profonda sotto gli oceani. Negli anni sessanta vi fu anche il progetto di perforare la crosta fino a raggiungere la Moho sotto gli oceani con una nave oceanografica. Battezzato col gioco di parole di *progetto Mohole* (hole=buco, perforazione) fu bocciato dal congresso americano perché troppo costoso. Al di sotto della Moho finisce la crosta e comincia il mantello terrestre formato principalmente da peridotite,

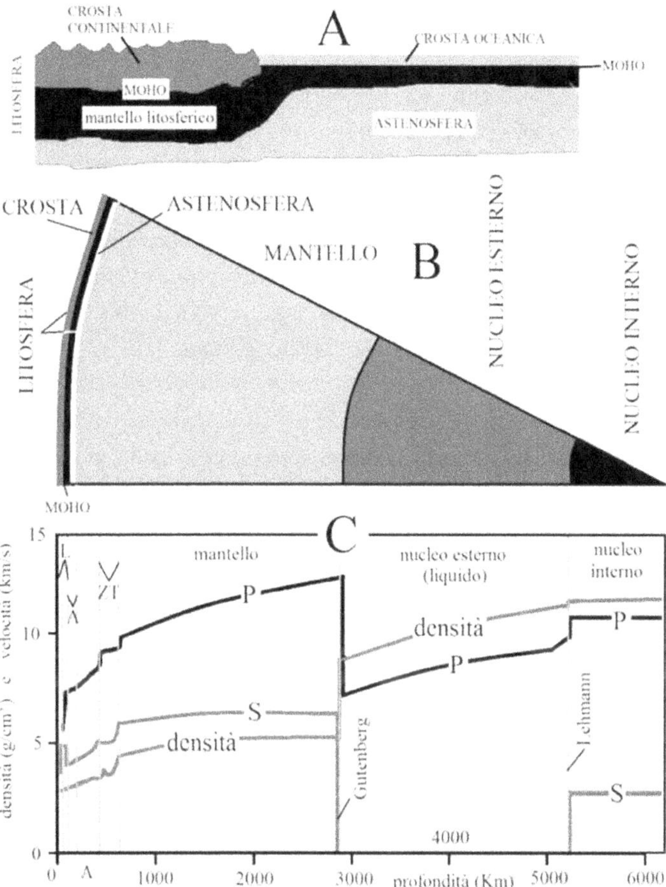

Fig. 1.11 Sopra: struttura interna della Terra. Sotto: densità (in grammi per centimetro cubo) e velocità delle onde sismiche P e S (in chilometri al secondo) in funzione delle profondità. L: litosfera; A: astenosfera; ZT: zona di transizione

una roccia composta quasi per intero di olivina. Altre rocce provenienti dal mantello sono la kimberlite, roccia madre dei diamanti, e l'eclogite (Fig. 1.10). Come sono giunte queste rocce alla superficie terrestre? In parte, come nel caso delle kimberliti, spinte lungo profondi imbuti che affondano fino al mantello. L'eclogite è invece più comune in quelle zone dove la crosta dell'oceano è stata impilata sui massicci montuosi dei continenti come conseguenza dell'attività geologica.

Basalto, kimberlite, eclogite, peridotite. Queste rocce hanno una cosa in comune: sono povere di silicio e ricche di ossidi di ferro e magnesio. Infatti le rocce contenenti silicio diminuiscono nel mantello profondo, mentre aumentano gli ossidi di ferro e di magnesio.

Il mantello è diviso in due parti: il mantello superiore fino a circa 100 chilometri di profondità, e il mantello inferiore più in basso. Una parte del mantello superiore (chiamato il mantello litosferico) e la crosta sono insieme chiamati la *litosfera* terrestre.

La Fig. 1.11B mostra uno spicchio dell'interno terrestre e la Fig. 1.11C le velocità delle onde sismiche P ed S. Nella crosta, le velocità aumentano più o meno gradualmente con la profondità, ma alla transizione col mantello inferiore, esse diminuiscono. Questo strato a bassa velocità, detto *astenosfera*, è di primaria importanza per il movimento delle placche, di cui si dirà in seguito (vedi §2.2). Al di sotto dell'astenosfera vi è il mantello inferiore, anch'esso composto da peridotite. La densità aumenta costantemente e così la velocità delle onde sismiche, salvo uno strato a circa 500-700 chilometri di profondità dove vi è un'altra leggera diminuzione. Giungiamo così nel cuore del mantello terrestre, dove la densità è quasi il doppio di quella delle rocce alla superficie.

A una profondità di circa 2.900 chilometri vi è una brusca variazione delle caratteristiche fisiche, qualcosa che Suess aveva già anticipato con la sua teoria del Nife. Chiamata la discontinuità di Gutenberg dal nome del geofisico americano di origine tedesca Beno Gutenberg, rappresenta la transizione dal mantello al nucleo esterno. La densità aumenta fino quasi a 9 grammi per metro cubo ma la densità delle onde sismiche crolla. Le onde P subiscono una diminuzione del 40% ma sono le onde S a mutare drammaticamente in quanto la loro velocità si riduce a zero. Si è visto che in un solido la velocità delle onde sismiche aumenta, e non diminuisce con la densità. Perché allora il forte aumento di densità è associato a una diminuzione di velocità? Evidentemente il materiale non è solido, ma liquido: la roccia meteoritica di Suess deve essere liquefatta in questa zona. Questo è anche il motivo per cui le onde S non si propagano attraverso il nucleo esterno (Fig. 1.7), dato che le onde di taglio non si propagano nei liquidi. Questa zona viene chiamata il nucleo esterno terrestre.

A partire dalla discontinuità di Gutenberg, la velocità delle onde P aumenta fino a una profondità di 5.300 chilometri; qui incontriamo un'altra discontinuità un tempo chiamata di Lehmann (da Inge Lehmann, una geofisica danese; vi è una seconda discontinuità di Lehmann, corrispondente all'inizio dell'astenosfera). Il materiale al di sotto della discontinuità di Lehmann deve essere solido, come mostra la ricomparsa di una velocità finita per le onde S, sia pure a velocità ancora più piccole che per la crosta.

Col nucleo interno abbiamo raggiunto il cuore della Terra. Gli studi hanno confermato che sia il nucleo esterno che quello interno sono formati da ferro, nichel, e forse qualche elemento in traccia come lo zolfo. Mentre la discontinuità di Gutenberg è dovuta a un cambio di composizione tra un mantello di ossidi di ferro e un nucleo di ferro quasi puro, la transizione tra nucleo esterno e interno sembra sia dovuta solo al cambiamento nello stato fisico tra liquido e solido di un materiale ferroso.

All'apparenza l'interno della Terra è qualcosa di lontano, ininfluente nella vita di ogni giorno. Eppure molte catastrofi si originano proprio dall'interno terrestre.

2. I terremoti

2.1 "La terra come una sottile pellicola"[1]

Messina e Reggio Calabria, 28 dicembre 1908

È la notte del lunedì tra il 27 e il 28 dicembre 1908. L'anno che ha visto i primi aerei passeggeri e la prima fabbrica di macchine da scrivere si avvia verso la conclusione e gli abitanti di Messina e Reggio Calabria dormono in attesa della ripresa delle attività. Messina con i suoi palazzi secenteschi, col duomo ricostruito dopo il terremoto del 1783, è una perla della Sicilia. In pieno slancio, Reggio ha appena inaugurato un nuovo impianto di illuminazione.

Angelo Gamba è un ospite un po' speciale dell'Hotel Europa di Messina. La sera del 27 ha interpretato con successo il ruolo di Radames dell'Aida nel teatro Vittorio Emanuele II. Alle 5.20 della mattina un violentissimo terremoto si abbatte con epicentro tra Messina e Reggio. La terra trema per una ventina di secondi facendo crollare case, edifici pubblici, luoghi di interesse artistico. Muoiono 80.000 abitanti a Messina – più della metà della popolazione locale – e 15.000 a Reggio.

Linee telegrafiche, ferrovie, strade vengono interrotte. Per parecchie ore, forse giorni, il mondo non conosce bene l'entità della distruzione. Mentre alcuni giornali parlano solo di qualche morto, la popolazione e gruppi di soldati e marinai greci, tedeschi, italiani e russi stanno lottando per salvare persone ancora vive sotto le macerie (Fig. 2.1 e tavola 4).

---

[1] Frase di Charles Darwin, dopo l'osservazione di un devastante terremoto in Cile.

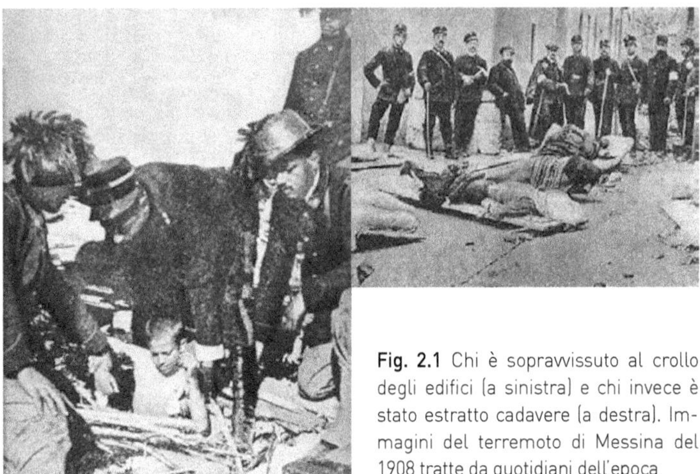

Fig. 2.1 Chi è sopravvissuto al crollo degli edifici (a sinistra) e chi invece è stato estratto cadavere (a destra). Immagini del terremoto di Messina del 1908 tratte da quotidiani dell'epoca

Alla scossa principale si uniscono nuove catastrofi. Molte persone scampate dal crollo delle macerie si riuniscono sul litorale ma non vengono graziate una seconda volta. Il mare inizialmente si ritira per poi abbattersi con violenza, spazzando via case e navi con gigantesche ondate alte fino a 13 metri, un maremoto fra i più alti mai registrati nel Mediterraneo. E in contemporanea alle numerose scosse di assestamento, che continueranno per mesi, si sprigionano incendi.

Oltre alle case, alle strade, alle strutture pubbliche, anche il patrimonio culturale delle due città è distrutto. La Fig. 2.2 mostra l'aspetto del Duomo di Messina prima del terremoto, dopo il sisma, e infine come appare oggi. Anche l'albergo Europa crolla. Angelo Gamba ha perso moglie e due figli; estratto vivo dalle macerie, muore anche lui due ore dopo.

Terremoti come quello di Messina sono prevedibili? Fu un evento eccezionale? La Fig. 2.3 mostra una carta schematica della pericolosità sismica in Italia (riprodotta a colori alla tavola 5). L'intensità del colore viola indica una maggiore pericolosità. Si nota l'asse di maggior sismicità che partendo dal Friuli dopo aver "saltato" la valle del Po curva verso sud-sud est segando nel bel mezzo la penisola. Prosegue nell'Umbria, l'Abruzzo, la Campania, la Basilicata fino ad arri-

Fig. 2.2 Il Duomo di Messina prima del terremoto del 1908 (figura in alto), poco dopo il terremoto (figura nel mezzo) e come appare ora (figura sotto)

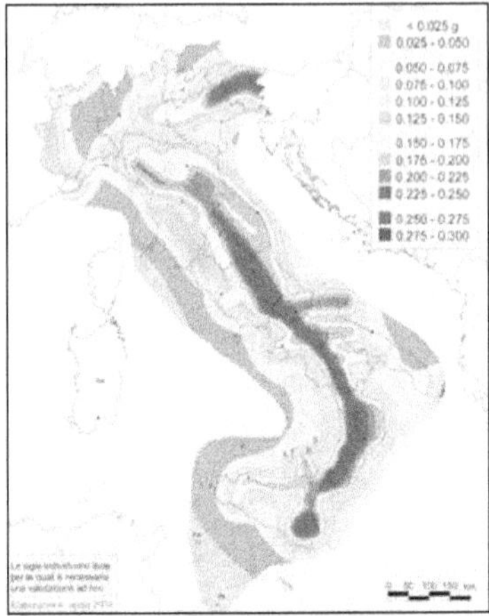

Fig. 2.3 Carta della pericolosità sismica in Italia espressa in base all'accelerazione massima del suolo con probabilità di eccedenza del 10% in 50 anni. Riprodotta a colori alla tavola 5. Cortesia dell'Istituto Nazionale di Geofisica e Vulcanologia (INGV), elaborazione aprile 2004

vare alla punta della Calabria da dove prosegue nel sud della Sicilia. Questa distribuzione è dovuta al particolare stato di tensione della crosta terrestre nell'area mediterranea. È un po' come se una forza applicata al sud della Sicilia spingesse verso l'alto la penisola in senso antiorario, con il Friuli a fare da perno. Messina cade proprio lungo la linea di maggior sismicità.

Vi sono quindi imponenti forze orizzontali che plasmano continuamente la superficie del pianeta. Non sono distribuite a caso; divengono assai intense nelle zone di compressione, estensione e torsione della crosta terrestri. Sono situazioni che evolvono coi tempi geologici di milioni di anni, non con quelli umani di decenni o secoli. La domanda quindi non è se avverranno altri terremoti nella zona tra Messina e Reggio o più in generale nella Calabria meridionale. In questo caso la risposta è certa: ve ne saranno ancora, e con ogni probabilità alcuni saranno ancora più forti. Basta esaminare i giornali d'epoca per rendersi conto che poco prima del terremoto del 1908 ce ne furono altri. L'8 settembre 1905 con epicentro a Nicastro (oggi Lamezia Terme) e poco più di un anno prima di Messina, il 23 ottobre 1907. Questi terremoti, nei quali si contarono "soltanto" centinaia di vittime, sono oggi quasi dimenticati solo perché eclissati da quello ben più devastante del 1908. Anche dopo il terremoto del 1908 vi furono

Fig. 2.4 Anche se il terremoto di Messina e Reggio sorprese per la sua violenza, non era inaspettato per quella zona. Un'antica tavola pubblicata nel 1786 mostra lo sciame sismico del 1783

altri sismi in zone molto vicine: nel 1909, nel 1910 e nel 1975. E più di un secolo prima vi fu il terribile sciame sismico del 1783 (Figg. 2.4 e 2.16). La terra ha sempre tremato in quelle regioni e continuerà a farlo.

Una classifica di morte

La storia dell'umanità è stata segnata da terremoti devastanti. Restando nel solo XX secolo e scorcio iniziale di ventunesimo, il peggiore con 250.000 vittime è avvenuto in Cina nel 1976 (Tabella 2.1). Al secondo posto il sisma del 26 dicembre 2004, più noto non solo perché recente, ma anche per via di tre fattori. Il primo fu la presenza massiccia di turisti occidentali nelle spiagge di Indonesia, Thailandia, Sri Lanka. Migliaia di italiani, tedeschi, inglesi, francesi e locali accomunati da una fine terribile che si sarebbe potuta evitare se vi fosse stato un sistema di allerta tsunami come nel Pacifico. In secondo luogo i media furono molto attivi raccogliendo informazioni, specificando dettagli, raccontando aneddoti. Infine l'immagine che un'onda invisibile potesse trasportare la morte a migliaia di chilo-

Tabella 2.1 I dieci peggiori terremoti nel XX e XXI secolo in termini di numero di vittime. Tratto da: "EM-DAT: The OFDA/CRED International Disaster Database

Nazione	Data	Numero di morti
Cina	27/07/1976	242.000
Indonesia (principalmente a causa di tsunami)	26/12/2004	228.000
Haiti	12/01/2010	222.570
Cina	22/05/1927	200.000
Cina	16/12/1920	180.000
Giappone	01/09/1923	143.000
Unione Sovietica	05/10/1948	110.000
Cina	12/05/2008	87.476
Italia	28/12/1908	75.000
Pakistan	08/10/2005	73.338

www.em-dat.net - Université Catholique de Louvain - Brussels - Belgium", riprodotto con permesso

metri, sebbene ben nota agli scienziati, atterrì l'opinione pubblica, la quale ignorava perfino dell'esistenza di fenomeni come gli tsunami. Di questo evento si discuterà dettagliatamente nel secondo volume in relazione alle catastrofi dell'acqua (→ vol. 2).

Al terzo posto nella classifica il terremoto di Haiti del gennaio 2010 (Fig. 2.5). Il computo delle vittime, come spesso accade con gli

Fig. 2.5 Il terremoto del 12 gennaio 2010 a Port-au-Prince, Haiti

eventi catastrofici, non è stato stabilito con certezza ed è possibile che le vittime siano state meno di quanto indicato nella tabella. Ma anche in questo caso l'evento resta uno dei peggiori della lista.

Due terremoti sconvolsero il confine tra la Cina e il Tibet negli anni venti (quarto e quinto posto), mentre il terremoto giapponese del 1923 nella baia di Sagami a sud di Tokyo causò il collasso di mezzo milione di costruzioni, uno tsunami di dodici metri, e incendi che imperversarono a Yokohama e a Tokyo per tre giorni. All'ottavo posto il recente sisma della regione cinese del Sichuan, mentre il terremoto di Messina e Reggio occupa il nono posto. Chiude la lista il terremoto del subcontinente indiano che nell'ottobre 2005 ha provocato oltre settantamila morti.

Il peggior terremoto di tutti i tempi in termini di numero di vittime? Colpì la Cina nel XVI secolo. Dopo milioni di anni, le sabbie e soprattutto il silt[2] portati nella regione di Shensi dai venti del deserto di Gobi hanno formato potenti accumuli poi compattatasi fino a formare una roccia leggera chiamata loess. Da millenni le popolazioni vivono negli yaodong, particolari abitazioni a grotta scavate nel loess. Il loess è una roccia facile da lavorare e può essere tagliato verticalmente; inoltre mantiene le abitazioni calde d'inverno e fresche d'estate. Ma è una roccia di proprietà tecniche molto povere. Il terremoto del 23 gennaio 1556 fece crollare le grotte e le abitazioni di loess, seppellendo oltre 830.000 persone.

Anche in termini economici i terremoti hanno conseguenze molto pesanti. La Tabella 2.2 riporta il costo dei 10 peggiori terremoti del XX e XXI secolo. I danni più frequenti sono dovuti ai crolli degli edifici, molti dei quali dovranno comunque essere distrutti, e agli tsunami. Il primo in classifica, il recente terremoto giapponese di Tohoku del marzo 2011, dimostra danni di tipo più "moderno" rispetto ai tradizionali crolli di edifici. Il sisma, con epicentro sottomarino, fu il più forte mai registrato per il Giappone. Ne risultò uno tsunami devastante che colpì anche l'impianto nucleare di Fukushima, costrin-

---

[2] Materiale più fine della sabbia ma meno fine dell'argilla, chiamato anche limo.

Tabella 2.2 Classifica dei peggiori terremoti basata sul danno economico.
Tratto da: "EM-DAT: The OFDA/CRED International Disaster Database

Nazione	Data	Danno (milioni di dollari americani)
Giappone (incluso tsunami)	11/03/2011	210.000
Giappone (effetti diretti delle scosse)	17/01/1995	100.000
Cina (effetti diretti delle scosse)	12/05/2008	85.000
USA (effetti diretti delle scosse)	17/01/1994	30.000
Cile (effetti diretti delle scosse)	27/02/2010	30.000
Giappone (effetti diretti delle scosse)	23/10/2004	28.000
Italia, terremoto dell'Irpinia (effetti diretti delle scosse)	23/11/1980	20.000
Turchia (effetti diretti delle scosse)	17/08/1999	20.000
Taiwan (effetti diretti delle scosse)	21/09/1999	14.100
Unione Sovientica (effetti diretti delle scosse)	07/12/1988	14.000

www.em-dat.net - Université Catholique de Louvain - Brussels - Belgium", riprodotto con permesso

gendo le autorità a un'evacuazione entro un raggio di 30 chilometri dall'impianto.

Come si misurano la potenza, l'energia, la capacità distruttiva di un terremoto? I termini di scala Mercalli, magnitudo, scala Richter vengono riproposti a ogni catastrofe; cosa significano esattamente e come si determinano?

Misurare i terremoti

Dopo il terremoto di Lisbona del 1755, il primate del Portogallo raccolse molte informazioni sui danni subiti da ogni diocesi. Nacque così la prima mappa della distruzione di un terremoto. In seguito agli sciami sismici avvenuti in Calabria nel 1783, padre Elisio della Concezione tentò qualcosa di simile. Esattamente un secolo dopo l'italiano De Rossi e lo svizzero Forel proposero una scala a dieci livelli degli effetti dei terremoti. Unendo i punti sulla carta geografica in cui la distruzione era stata comparabile, ottennero speciali mappe percorse da linee con uguale livello di distruzione, graficamente simili alle moderne carte della pressione atmosferica. In seguito Giuseppe

Mercalli elaborò la famosa scala omonima. Divisa inizialmente in dieci punti, oggi è stata portata a dodici con alcune modifiche. La Tabella 2.3 mostra una versione moderna della scala Mercalli.

Queste prime scale erano basate sugli effetti distruttivi del terremoto (ovvero sull'*intensità*) e su impressioni qualitative piuttosto che su una misura scientifica di variabili fisiche e oggettive. Per questi motivi sono state suggeriti altri parametri per misurare l'effettiva violenza di un sisma. La più nota è la scala Richter, introdotta dall'americano Charles Richter nel 1935 e basata su effetti dei terremoti sui sismografi – gli apparecchi usati per misurare i terremoti – misurabili con precisione.

Quando la scossa raggiunge il sismografo, una massa all'interno dello strumento tende a rimanere inerte mentre il terreno circostante si muove. La massa comunica così il movimento rispetto al suolo a un apparato di registrazione. Poiché i movimenti del suolo possono essere sia orizzontali che verticali, vi sono due tipi di sismografi: quelli orientati in maniera da registrare il movimento orizzontale, e quelli sensibili al movimento verticale. Opportunamente amplificato e filtrato al computer, il movimento relativo massa-suolo diviene così il sismogramma, una sorta di cronistoria del movimento del suolo (tavola 6).

Richter basò la sua scala su un tipo specifico di sismografo, chiamato a torsione di Wood-Anderson. Se l'ampiezza massima registrata dal sismografo di Wood-Anderson a una distanza di cento chilometri dall'epicentro del terremoto è di un millimetro, il valore di *magnitudo* è di 3. Se l'ampiezza è di dieci millimetri (un centimetro) la magnitudo è di 4. Una magnitudo di 2 genera un'ampiezza di un decimo di millimetro e così via per tutte le magnitudini, intere e anche frazionarie (per esempio M5,4)[3].

Vi è una relazione tra l'ampiezza del segnale (ovvero la magnitudo) e l'effettivo potere distruttivo. Un terremoto di magnitudo 5 sviluppa un'energia 48 volte maggiore di uno di magnitudo 4. Una

---

[3] Una scala in cui la classe successiva comprende eventi dieci volte più grandi di quella precedente si chiama in matematica scala logaritmica di ragione 10.

Tabella 2.3 La scala Mercalli modificata (Mercalli-Cancani-Sieberg) è basata sugli effetti del terremoto. In questa tabella si è distinto l'effetto sugli edifici e manufatti da quello sul paesaggio naturale e sulle persone. La scala Mercalli è utile per stimare i danni, ma non indica l'effettiva energia sviluppata. Da varie fonti (*segue*)

Grado	Denominazione	Effetti sugli edifici	Effetti sul paesaggio naturale	Effetti su persone e animali
I	Impercettibile	Impercettibile all'uomo ma solo dagli strumenti		
II	Molto Lieve			Avvertita da alcune persone a riposo nei piani superiori
II	Lieve	Lieve oscillazione di oggetti appesi		Avvertita da alcune persone nelle case
IV	Moderata	Vibrazione delle finestre, oscillazione di oggetti appesi, movimento dei liquidi nei recipienti		Avvertita da molte persone negli edifici, e da alcune persone all'esterno
V	Abbastanza forte	Ampie oscillazioni degli oggetti appesi		Avvertita da tutte le persone negli edifici e da quasi tutte le persone in strada; i dormienti si svegliano; alcune persone fuggono all'aperto
VI	Forte	Caduta di libri, possibili piccoli danni, caduta eccezionale di comignoli o tegole mal consolidate, suono delle campane più piccole nei campanili		Avvertita da tutti con paura, fuggi fuggi verso le zone aperte
VII	Molto forte	Notevole caduta di suppellettili, alcuni danni alle case, crepe nei muri, caduta di intonachi, stucchi, alcuni comignoli; suono di grosse campane; solo le case mal costruite vengono distrutte	Fessure nei terreni, l'acqua degli stagni si intorbidisce e si agita; alcune sorgenti inaridite; piccole frane in terreni poco consolidati	

Tabella 2.3. (*continua*)

Grado	Denominazione	Effetti sugli edifici	Effetti sul paesaggio naturale	Effetti su persone e animali
VIII	Distruttiva	Gravi distruzioni a circa il 25% degli edifici, caduta di statue e ciminiere, campanili, qualche muro	Caduta di alberi, notevoli fessure nei terreni; i fiumi divengono sabbiosi e fangosi; fessure nei terreni in pendio	Panico; cominciano le prime vittime
IX	Fortemente distruttiva	Gravi distruzioni a circa il 50% degli edifici, strade danneggiate, caduta di edifici all'apparenza ben solidi; tubature si rompono	Grosse e numerose frane	Il panico è generale; animali come impazziti; vittime non numerose
X	Rovinosa	Gravi distruzioni a circa il 75% degli edifici, distrutti alcuni ponti e dighe; lieve spostamento delle rotaie	Fessure larghe; frane	Molte vittime
XI	Catastrofica	Distruzione di edifici e ponti, caduta dei pilastri	Notevoli cambiamenti del terreno; numerosissime frane	Moltissime vittime
XII	Totalmente Catastrofica	Ogni manufatto distrutto; oggetti lanciati nell'aria	Oltre alle frane, cambiamenti importanti della topografia; il terreno si muove in onde; deviazioni dei fiumi e scomparsa di laghi	Pochi superstiti

magnitudo di 6, 7 e 8 corrisponde a un incremento dell'energia sviluppata rispetto alla magnitudo 4 di 2050, 80500, e 2.800.00 volte rispettivamente. L'energia di un terremoto aumenta quindi in maniera enorme da una magnitudo alla successiva. Se una magnitudo 4 può essere già percepita dalle persone, com'è possibile esistano terremoti di energia ottantamila volte superiore? La risposta è che al crescere della magnitudo sono soprattutto la durata del sisma e l'area coinvolta ad aumentare. Ecco perché un terremoto di grande magnitudo colpisce aree molto vaste.

Vi è una relazione tra le scale di Mercalli e di Richter in quanto terremoti di elevata magnitudo tendono a essere molto distruttivi. Tuttavia il valore Mercalli raggiunto da un terremoto dipende anche dalle proprietà del terreno e dalla qualità tecnica degli edifici; terremoti di magnitudo non molto elevata possono anche raggiungere valori alti della scala Mercalli. Il sisma che nel 1960 produsse immense distruzioni e la morte di 14000 persone ad Agadir (Marocco) si guadagnò un valore di dieci nella scala Mercalli ma non era molto forte: solo 5,8 della scala Richter. Nel Giappone di oggi, un sisma di questa violenza avrebbe fatto poco danno. Un esempio più vicino a noi è il terremoto di Casamicciola (isola di Ischia) del 28 luglio 1883 (Fig. 2.6 e 2.7). Il sisma del grado 5,8 Richter ebbe un'intensità massima del decimo grado Mercalli, anche se vi furono notevoli variazioni del livello di distruzione tra le diverse zone della cittadina termale. In questo terremoto perirono i genitori e la sorella di Benedetto Croce, allora quindicenne. Il futuro filosofo e politico, teorico del liberalismo, rimase sepolto sotto le macerie una notte intera e conservò per tutta la vita i traumi nelle gambe.

Mentre i soccorritori ancora si muovevano fra le macerie, vi fu l'idea da parte del governo di coprire col cemento l'area colpita per trasformarla in un cimitero. Fu il re in persona, supplicato dagli stessi sopravvissuti e dalla cittadinanza, a far saltare il progetto. Si continuò così a scavare e decine di persone furono ritrovate ancora vive. L'intera isola di Ischia è flagellata costantemente dai terremoti e dalle frane che ne derivano.

Fig. 2.6 e 2.7 Esempio di decimo grado Mercalli: il terremoto di Casamicciola del 1883. La cittadina era un importante centro turistico d'elite. Sopra: rovine dell'Hotel Central. Sotto: case distrutte. Rare immagini di archivio. Civico Archivio Fotografico, Milano

Anche la scala Richter ha alcuni problemi. Terremoti di magnitudo maggiore di 6-7 tendono a saturare e non vi è più quella stretta relazione tra oscillazione del suolo e ampiezza registrata dal sismografo. Inoltre il sismografo usato da Richter per la sua definizione è sensibile a periodi di oscillazione del terreno tra 0,1 e 3 secondi. Ma un grosso terremoto sviluppa gran parte della sua energia in periodi di oscillazione maggiori. Quindi l'uso della scala Richter sottostima di molto l'effettiva potenza del sisma.

Le faglie e il momento sismico

I problemi della scala Richter possono essere così riassunti: è basata sul responso di un particolare sismografo a una distanza stabilita, in un certo intervallo di periodi di oscillazione del terreno[4]. È vero che esistono diagrammi speciali per stabilire la magnitudo a distanze diverse dai 100 chilometri usati nella definizione. Anche il problema del periodo (ovvero la definizione basata su periodi di oscillazione tra 0,1 e 3 secondi) può essere aggirato estendendolo a intervalli di periodo maggiori. Sono state così definite varie scale Richter basate sui vari tipi di onde (P, S, oppure di superficie) e diversi periodi. Ma rimane un problema ancora più profondo: la scala Richter equivale un po' a cercare di stabilire la potenza dell'esplosione dall'intensità del lampo di luce emesso da una granata. È chiaro che c'è una certa corrispondenza tra le due. Ma molta dell'energia finisce nei frammenti dell'esplosione, nello spostamento d'aria, nel cratere formatosi. Analogamente sarebbe meglio usare un criterio intrinseco della potenza di un terremoto.

Si ricorre così a una nuova definizione legata più strettamente alla meccanica del terremoto: il momento sismico. Esaminando la carta geologica di una regione geologicamente attiva, si notano delle linee rosse a volte continue, altre volte tratteggiate. Sono le faglie, superfici di frattura planare della crosta terrestre. Le faglie sono spesso ben visibili nel terreno in quanto mettono a contatto rocce di età e caratteristiche diverse (Fig. 2.8). Si distinguono tre tipi di faglie: le faglie dirette, le faglie inverse, e quelle trascorrenti. Le faglie dirette tendono a formarsi in zone di estensione della crosta terrestre mentre quelle inverse sono più caratteristiche delle zone di compressione.

---

[4] A volte si usa la definizione di frequenza invece che di periodo di oscillazione. È bene ricordare che la frequenza si ottiene dividendo 1 per il periodo; un'onda di frequenza pari a 2 hertz ha quindi periodo di 1 diviso 2, cioè mezzo secondo. Parlare di frequenza e periodo è quindi equivalente; un aumento di frequenza corrisponde però a una diminuzione del periodo, e vice versa.

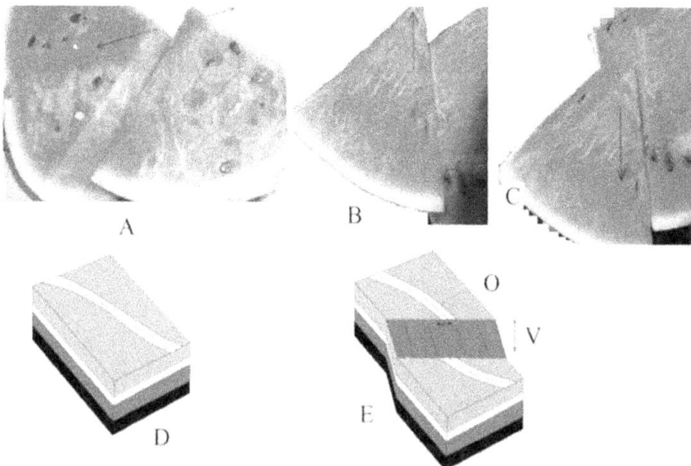

Fig. 2.8 Il taglio di un'anguria illustra una faglia trascorrente (A), inversa (B) e diretta (C). Durante un terremoto, il suolo slitta lungo il piano di faglia che ha una componente di rigetto verticale (V) e orizzontale (O)

Dopo millenni di ipotesi sull'origine dei terremoti, si è capito che un sisma è provocato dallo scivolamento delle due labbra di una faglia. Secondo la teoria del rimbalzo elastico formulata dal sismologo H. F. Ried dopo il terremoto di San Francisco del 1906, in una zona geologicamente attiva le tensioni meccaniche delle rocce crescono nel tempo. Le rocce si deformano sino a quando lo sforzo non diviene troppo elevato; avviene così la rottura lungo il piano della faglia, un movimento rapidissimo, dell'ordine di qualche chilometro al secondo. L'energia rilasciata improvvisamente viaggia attraverso le rocce scaricandosi alla superficie terrestre. È il terremoto.

Lo spostamento della faglia viene anche chiamato il *rigetto*. Il terremoto giapponese del 1 settembre 1923 ha avuto un rigetto verticale di cinque metri e orizzontale di due, fra i più grandi mai registrati. La faglia di San Andreas, forse la più nota, taglia la California da sud a nord per una lunghezza di 1300 chilometri (Fig. 2.9).

Un sisma è tanto più violento quanto maggiore è la superficie della faglia, uguale alla lunghezza orizzontale moltiplicata per la profondità. Lunghezza e profondità possono essere molto variabili. La prima

Fig. 2.9 La faglia di San Andreas è visibile nella zona di Wallace Creek come la linea che taglia la foto dal basso verso l'alto. Una strada la taglia di netto. Foto di Scott Haefner, cortesia USGS

varia da appena qualche chilometro fino a decine o centinaia di chilometri, mentre la profondità può raggiungere decine di chilometri. L'energia sviluppata dal terremoto è proporzionale anche al rigetto, lungo di solito qualche metro.

Per produrre un terremoto, le labbra della faglia devono vincere la resistenza del materiale alla rottura. È chiaro che più il materiale resiste alle tensioni prima di rompersi, più violento sarà il terremoto. La fisica ci fornisce una definizione rigorosa di questa "resistenza" del materiale a rotture di taglio per mezzo del cosiddetto *modulo di rigidità*.

Il momento sismico è definito moltiplicando tra loro i quattro parametri – tre geometrici e uno fisico – definiti sopra:

$$\text{Momento sismico} =$$
$$(\text{Rigetto}) \times (\text{Lunghezza faglia}) \times (\text{Profondità}) \times (\text{modulo di rigidità})$$

A partire dal momento sismico è stata definita una nuova scala delle magnitudo in modo da farla coincidere il più possibile con la scala Richter. In questo modo, un rigetto per esempio di 3 metri in una faglia lunga 40 chilometri e profonda 5 chilometri fornisce – con proprietà medie della crosta – una magnitudo basata sul momento sismico di M6,7.

Grazie alla sua semplicità la scala Richter è ancora molto usata sia dai media sia dagli esperti, anche se diventa meno adatta per terremoti molto grossi.

La definizione di momento sismico non rende completamente giustizia della complessità del fenomeno di rottura del terreno e spostamento della faglia. Non è semplicemente come rompere un pezzo di legno o un blocchetto di plastica; nella resistenza incontrata dalla faglia giocano infatti molti fattori in parte poco noti. Una volta che la superficie di faglia si è rotta, il fenomeno non è più controllato solo dal modulo di rigidità, ma anche dalle forze di attrito. L'attrito è la forza che affligge ogni motore e ogni movimento meccanico. Se l'attrito è piccolo, l'energia rilasciata durante un terremoto è bassa dato che le labbra della faglia scivolano l'una contro l'altra senza incontrare grande resistenza. Purtroppo la fisica dell'attrito non è così semplice da capire nel caso di una faglia. Sappiamo che viene prodotta una farina di roccia con granuli piccolissimi che altera le proprietà delle forze di attrito. Questi piccoli frammenti possono fondere formando una roccia di fusione chiamata *pseudotachilite*. Una questione di fondo tuttora poco capita è se la presenza di questa roccia fusa agisca come un lubrificante naturale o piuttosto come un collante, aumentando la resistenza incontrata dal movimento della faglia.

Il mistero delle antiche città distrutte

Forse Annibale commise un errore tattico quando, durante la sua campagna in Italia, non attaccò direttamente Roma. Un favore che qualche anno più tardi Scipione l'Africano non gli restituì, distruggendo Cartagine nel 146 a.C.. Su questo episodio, con cui si concluse la gloriosa storia di Cartagine, si hanno documenti certi: il fuoco divampò per almeno dieci giorni e i romani misero particolare cura nel radere al suolo quanto fosse rimasto in piedi. Cartagine fu poi ricostruita come colonia romana.

Moltissime le distruzioni dell'antichità. Tebe, Micene, Petra, Rodi, Troia, Gerico: l'area mediterranea è tutta un cimitero di floride città rase al suolo coi loro templi, case, statue, luoghi pubblici. In alcuni casi le città furono abbandonate dopo la distruzione, in altri ricostruite sulle rovine precedenti. Come per esempio Troia, ricostruita per almeno otto volte nel corso dei millenni, prima del decadimento finale con l'impero Ottomano. Da cosa sono state distrutte? Storici e archeologi hanno per secoli adottato una spiegazione analoga a quella di Cartagine. Invasioni, guerre, saccheggi, incendi causati da eserciti o orde tribali. Per Micene, distrutta intorno al 1200 a.C., si chiamarono in causa ipotetici invasori, genti forse provenienti da Troia. Tuttavia anche Troia fu distrutta circa nello stesso periodo. Gli anni intorno al 1200 a.C. sembrano colpiti da un'enorme distruzione in tutta l'area mediterranea. Furono misteriose genti del mare ad attaccare contemporaneamente le principali città dell'epoca? Prendendosi poi la briga di non lasciare pietra su pietra, un'operazione faticosissima senza armi di distruzione come i cannoni?

Vi è una spiegazione più semplice, ma assai più inquietante. L'intera regione mediterranea è come sappiamo altamente sismica. I terremoti avvengono di continuo in quelle regioni e devono essercene stati tanti anche nell'antichità. Quindici anni prima della famosa eruzione che nel 79 d.C. distrusse Pompei, la città fu devastata da uno sciame sismico. Lo stesso Nerone andò a vedere i danni, consigliando ai residenti di lasciare la città per sempre. Come sappiamo fu inascoltato, se all'epoca dell'eruzione Pompei era una città floridissima. C'è poi la famosa storia del Colosso di Rodi, un gigante di bronzo costruito intorno al 300 a.C.. Dedicata al dio Elio, vegliava sull'entrata del porto dell'isola greca (Fig. 2.10). Ne parlano molti storici sia dell'epoca che successivi come Plinio o Strabone (58? a.C.-25? a.C.). Nel III secolo un fortissimo terremoto del grado 7,5, di cui scrive anche Pausania (110-180 D.C), spezzò in due la statua. Una delle sette meraviglie del mondo, che millenni più tardi ispirerà la statua della libertà di New York, fu infine ridotta a pezzi e lastre di metallo e rivenduta.

Fig. 2.10 Il Colosso di Rodi, distrutto da un terremoto nel III secolo a.C., in una rappresentazione del XVII secolo

In altri casi i testi sacri prendono il posto di quelli storici. Come per la distruzione di Gerico, avvenuta forse tra il 1250 e il 1400 a.C., anche se questa datazione è controversa. Secondo la Bibbia, Giosuè marciò sette volte intorno alla città e allo squillo delle trombe le mura crollarono. Da una sessantina d'anni alcuni scienziati che si muovono a metà tra archeologia e sismologia studiano i terremoti antichi basandosi su fonti storiche e religiose, sugli scavi archeologici, ma anche sulle più moderne teorie e tecniche sismologiche. Nel dopoguerra alcuni di questi visionari cercarono di convincere gli archeologi più tradizionalisti che i terremoti dell'antichità ebbero un impatto ben maggiore di quanto pensato prima, ma furono spesso derisi. Oggi questa scienza è ampiamente rivalutata al punto tale da meritarsi un proprio nome: archeosismologia. Che Gerico fosse stata in realtà distrutta da un terremoto è stato sostenuto da molti archeologi. Nuovi studi hanno mostrato come alcuni strati di rovine e incendi a Gerico potrebbero essere correlati con un forte terremoto, ma c'è il problema della datazione con l'evento narrato dalla Bibbia.

L'esame di molti siti ha rivelato chiari segni di distruzione dovuti a terremoti piuttosto che ad azione umana, ben narrati nel libro di Amos Nur sull'area mediterranea. Colonne cadute secondo l'orientazione del movimento del terreno; faglie che tagliano a metà monumenti antichi. Inoltre molte delle città distrutte furono edificate sulle principali linee tettoniche della regione mediterranea. Anche solo limitandoci alle città distrutte negli anni 1200-1175 a.C.: Aleppo, Alalakh si trovano lungo la faglia trascorrente del Mar Morto. Troia e molte città dell'Anatolia lungo una faglia trascorrente in direzione est-ovest; Cnosso, Micene, Tebe, e moltissime altre città greche si trovano su una microplacca che spinge verso sud ovest.

Alcuni di questi terremoti hanno causato in maniera immediata e drammatica la distruzione di grandi civiltà, dando uno scossone irreversibile alla storia dell'uomo. In altri casi, soprattutto quando i terremoti furono forti ma non così devastanti da provocare una distruzione totale, le città colpite seppero risorgere. Come nel caso di Roma.

La strana forma del Colosseo e terreni che si liquefano

Iniziato negli anni dell'imperatore Vespasiano (che regnò dal 69 al 79 d.C.) e finito dal figlio Tito, il Colosseo nacque col nome di anfiteatro Flavio per cancellare la memoria di Nerone e inaugurare i Flavi al potere di Roma. Il nome successivo di Colosseo ricorda la presenza di un'enorme statua nelle vicinanze, oggi scomparsa. La Fig. 2.11 mostra il Colosseo come doveva apparire nell'antichità, con le mura perimetrali tutt'intorno la struttura in maniera perfettamente simmetrica. Oggi però manca completamente il muro esterno rivolto verso sud, tanto che il Colosseo appare asimmetrico. Cosa è successo al monumento simbolo di Roma?

Fin dalla sua fondazione, l'Urbe non fu mai immune da scosse sismiche provenienti soprattutto dai colli Albani. Il V e l'VIII secolo

Fig. 2.11 A sinistra: Il Colosseo secondo la ricostruzione in plastica di Italo Gismondi conservata al Museo della Civiltà Romana di Roma. Si noti come il Colosseo sia stato ricostruito come un ovale perfetto, mentre oggi manca il muro perimetrale meridionale. Immagine tratta da Wikipedia (http://www.flickr.com/photos) e riprodotta secondo la licenza Creative Commons. A destra: il Colosseo come appare oggi

furono fra i periodi sismicamente più attivi, ma fu il terremoto del 1348 a fare i danni maggiori. Come risultato di questi sismi, una gran parte delle mura esterne del Colosseo crollarono. Gli enormi blocchi caduti furono riutilizzati per la fabbricazione di altri edifici cittadini o semplicemente cotti per produrre calcina!

Per quale motivo la parte sud fu così colpita mentre il resto delle mura perimetrali rimase in piedi? Secondo studi più recenti[5] mentre la parte nord poggia su sedimenti piuttosto antichi (pleistocenici), la parte sud fu edificata sui sedimenti alluvionali più recenti di un piccolo affluente del Tevere. Gli ingegneri romani non potevano saperlo, ma costruirono il Colosseo per metà su suolo solido e per metà su terreno di cattive caratteristiche sismiche. È stato dimostrato con simulazioni al computer che a causa di questa disonomogeneità la parte sud del Colosseo fu molto più colpita dai terremoti appenninici di quella nord[6]. Com'è possibile che piccole caratteristiche nella forma del terreno abbiano un ruolo così importante nell'amplificare o smorzare le oscillazioni del suolo durante un terremoto?

Vi è più di un motivo. Il primo a notare che un sedimento superficiale poco coerente può amplificare le oscillazioni del terreno fu un sismologo statunitense, John Milne, nel 1898. Quando un'onda si propaga da un mezzo molto rigido come la roccia a uno poco rigido come le argille, deve diminuire di velocità (Fig. 2.12). Poiché l'energia delle onde deve conservarsi, l'ampiezza dell'onda deve aumentare per compensare la diminuzione di velocità. Un aumento di ampiezza significa oscillazioni del terreno maggiori. Questo fenomeno non riguarda solo le onde sismiche ma anche altri fenomeni ondulatori come gli tsunami (→ vol. 2). Pertanto, fra le tre costruzioni in Fig. 2.12, è quella in A, totalmente appoggiata su roccia solida (in grigio scuro) a essere più sicura. La costruzione in B, che sorge sopra sedimenti incoerenti come possono essere le argille di un antico lago o sabbie di un'ansa fluviale (grigio chiaro), durante un terremoto è soggetta a fenomeni di am-

---

[5] Mozco, Rovelli, Labak, Malagnini (1995).
[6] Funiciello e Rovelli, si veda per esempio Funiciello e altri (2006).

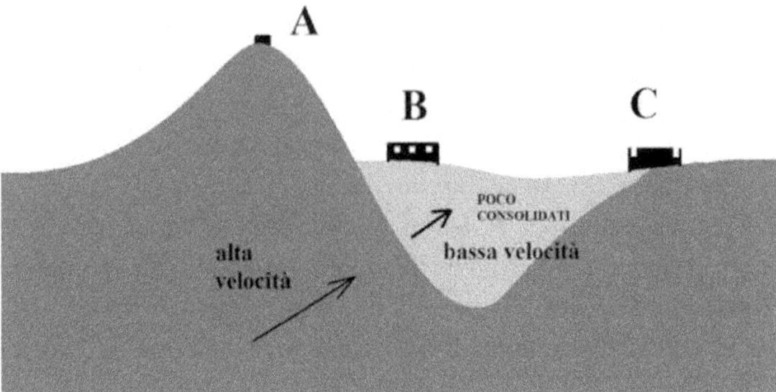

Fig. 2.12 Onde sismiche (frecce) investono una zona dal sottosuolo roccioso (grigio scuro) e in parte formato da sedimenti poco consolidati alla superficie (grigio chiaro). Poiché l'energia delle onde sismiche si deve conservare, la diminuzione di velocità nel materiale poco consolidato (evidenziata con una freccia più corta) causa un aumento dell'ampiezza del movimento

plificazione delle onde sismiche. Infine l'edificio in C, per metà su terreni rigidi e per l'altra metà su quelli poco consolidati, rappresenta un po' la situazione del Colosseo. La parte su suolo rigido subisce solo l'effetto diretto del terremoto, senza amplificazioni aggiuntive. Ma la parte sinistra, sul terreno poco consolidato, può subire maggiore distruzione. I danni subiti possono essere particolarmente gravi in quanto il suolo reagisce in maniera così diversa nelle due parti.

Le caratteristiche del suolo sono quindi assai importanti per valutare la distruzione provocata da un terremoto. Quante volte abbiamo pensato al suolo come qualcosa di eternamente rigido? Ne siamo proprio sicuri? Prendiamo il terremoto avvenuto a Niigata in Giappone nel 1964. Palazzi di cemento armato resistettero molto bene alle scosse, ma non i loro piedi di argilla. Alcuni ruotarono alla base di oltre novanta gradi senza spezzarsi. Era avvenuta una vera e propria *liquefazione* del suolo, che da solido si trasformò all'istante in liquido. Com'è possibile? Il suolo è sovente composto da particelle molto piccole come sabbia, limo, o argilla; anche l'acqua è spesso presente nella matrice solida. Durante le vibrazioni del terreno, le particelle solide possono separarsi tra loro e così facendo perdono l'unica fonte di resistenza alle sollecitazioni di taglio. Infatti se le particelle sono separate, l'intera porzione di suolo si comporta come un fluido di densità intermedia tra quella dell'acqua e quella del materiale solido, e zero resistenza (Fig. 2.13). Ecco perché durante il terremoto gli edifici affondarono come su in liquido denso.

La liquefazione del suolo non è rara. È stata osservata in terremoti come quelli di Loma Prieta del 1989 o di San Francisco del 1906. A volte il suolo liquefatto in profondità viene spinto verso l'alto formando così dei tubi di passaggio e giunto alla superficie dà luogo a strani vulcanetti di fango nella zona del terremoto (Fig. 2.13). È possibile che l'origine del cedimento del suolo nella parte sud del Colosseo sia stata anche una parziale liquefazione.

Secondo un'antica profezia apparsa per la prima volta in un manoscritto dell'VIII secolo, il Colosseo rimarrà in piedi fino a quando non cadrà l'intera città di Roma; e se crolla Roma, il mondo intero la seguirà. Per fortuna del mondo il Colosseo ha resistito a molti terremoti ed è ancora in piedi, con qualche ferita.

Fig. 2.13 In un suolo le particelle solide sono unite a formare una matrice resistente (a sinistra). Tuttavia, una scossa sismica (nel centro) può provocare il temporaneo distacco dei granuli e l'aumento di pressione del fluido negli interstizi. Il terreno perde così di resistenza e si liquefa; il basamento degli edifici può ribaltarsi. A destra: le argille e le sabbie ricche di acqua liquefatte dalle scosse sismiche (in questo caso il terremoto di Loma Prieta del 1989) possono venire in superficie attraverso degli strani vulcanetti. I terreni liquefatti giacciono in profondità e sono collegati al vulcanetto da un tubo. In questo esempio le sabbie sono ricche di fossili quaternari. Il vulcanetto ha un diametro alla base di circa due metri. Bay bridge (California). Foto di J.C. Tinsley di dominio pubblico, cortesia USGS americano

Bolle di sapone, altalene e la strana devastazione a Città del Messico

Quando i conquistadores spagnoli guidati da Hernàn Cortés giunsero in Messico, rimasero affascinati dalla visione di Tenochtitlan, la capitale degli Aztechi. La città sorgeva come magicamente dal lago Texcoco; aveva canali, mercati, templi e contava centinaia di migliaia di abitanti. Le tensioni tra i nativi e gli europei giunsero al culmine quando gli spagnoli sequestrarono il re Montezuma. La ribellione fu soffocata; Tenochtitlan fu distrutta e gli spagnoli decisero di erigere una nuova città, Città del Messico. Nei secoli successivi l'enorme lago Texcoco fu prosciugato per far posto alla città in crescita. Oggi il lago è sparito ma le sue vestigia sono lì, sotto poche decine di metri di suolo: sedimenti poco consolidati, sabbie e argille poggianti sull'antico basamento del lago.

Il 19 settembre del 1985 un terremoto del grado 7,9 Richter si abbattè sulla costa orientale messicana. Città del Messico si trovava a 300 chilometri dall'epicentro, una distanza considerevole. Eppure molti palazzi nuovi crollarono e morirono 10.000 persone. Vi fu un'altra stranezza. Mentre in alcune zone della città il terremoto fu percepito solo come una vibrazione intensa, in altre la distruzione fu grave. Il terremoto scelse accuratamente le sue vittime: colpì di preferenza i palazzi di 5-15 piani, risparmiando quelli più bassi e più alti. Come fu possibile?

Quando le onde sismiche raggiungono uno strato sedimentario superficiale poco consolidato, avviene una serie di fenomeni fisici dovuti alla natura ondosa del terremoto. Per prima cosa si è visto che la variazione della velocità fa aumentare l'ampiezza delle oscillazioni del suolo. In secondo luogo, le onde vengono rifratte, cambiando direzione. Infine, le onde possono venir riflesse più volte dalla strato alla superficie terrestre. Se la lunghezza d'onda dell'onda sismica è comparabile allo spessore dello strato riflettente misurato lungo la direzione dell'onda, le onde riflesse si rinforzano, amplificando così l'oscillazione del terreno. Questi effetti di rifrazione e riflessione sono usati spesso per studiare la conformazione del sottosuolo. Si fanno esplodere delle cariche per creare un piccolo sisma artificiale e la risposta sismica viene misurata con geofoni. È così che riusciamo a conoscere la presenza di depositi di petrolio o cavità sotterranee.

Fenomeni simili avvengono con ogni tipo di fenomeno ondoso come per esempio la luce. Una bolla di sapone è molto sottile, ha spessore dell'ordine della lunghezza d'onda della luce. La luce bianca è una combinazione di diversi colori, ciascun colore distinto da una certa lunghezza d'onda. Quando la luce bianca investe la pellicola di una bolla di sapone, subisce delle riflessioni. Se lo spessore della pellicola è circa uguale alla lunghezza d'onda della luce rossa, la superficie appare di questo colore. Se la pellicola è ancora più sottile, appaiono i colori di lunghezza d'onda più piccola; è la volta della luce verde, poi quella blu. Ecco allora che a seconda dello spessore della bolla di sapone appaiono vari colori di interferenza. Anche una pellicola d'olio sulla strada in una giornata piovosa mostra lo stesso fenomeno.

Torniamo a Città del Messico. Qui si ebbe la malaugurata somma di tre effetti. Oltre all'amplificazione dell'ampiezza delle oscillazioni, vi fu un rinforzo dovuto all'interferenza da parte di strati superficiali. Ma anche un terzo effetto fu importante e per spiegarlo occorre introdurre l'analogia con un'altalena. Il periodo di oscillazione dell'altalena (ovvero il tempo tra un'oscillazione e la successiva) non dipende né dalla massa del bambino seduto e nemmeno dall'ampiezza delle oscillazioni, ma solo dalla lunghezza dell'altalena[7]. Per esempio, un'altalena di un metro di lunghezza ha un periodo di oscillazione di circa 2 secondi, una di due metri di lunghezza un periodo di 2,8 secondi. Per aumentare l'oscillazione dell'altalena, occorre spingerla periodicamente. Si sfrutta così un un fenomeno di risonanza tra il periodo di oscillazione proprio dell'altalena e l'oscillazione della forza esterna.

Anche i palazzi hanno un loro proprio periodo di oscillazione. Se si potesse piegare leggermente un palazzo e per poi lasciarlo, anch'esso comincerebbe a oscillare. Solo che un palazzo non è un oggetto così semplice come un'altalena. Il periodo di oscillazione dipende dalla

---

[7] Nell'ipotesi di oscillazioni molto piccole.

sua sezione di base, dall'altezza, dai materiali con cui è costruito. Le singole parti del palazzo hanno inoltre diversi periodi di oscillazione in quanto gli oggetti più piccoli hanno periodi minori. Possiamo però dare qualche valore approssimativo: un palazzo di tre piani ha un periodo di oscillazione di circa 0,3 secondi, un palazzo di dieci piani un periodo di 1 secondo. Come semplice regola pratica, il periodo di oscillazione proprio di un palazzo è circa uguale a un valore di 0,1 secondi moltiplicato per il numero dei piani.

Durante un sisma, i palazzi che hanno periodo di oscillazione proprio molto inferiore o molto superiore al periodo dell'onda sismica rimangono relativamente inerti. Ma se il periodo proprio è vicino a quello dell'onda sismica, le oscillazioni del palazzo entrano in fase con quelle del terreno. È l'effetto altalena. A Città del Messico la presenza dei sedimenti dell'antico lago degli Aztechi promosse i periodi di vibrazione di circa 1-2 secondi facendo crollare molti palazzi di 5-15 piani ma risparmiando molti di quelli più bassi e più alti.

Quando crollano gli edifici

Sembra un paradosso, ma il terremoto cominciò a uccidere una volta che l'uomo cercò ripari solidi. Dall'esame dei crani neanderthaliani di Shanidar in Iraq, pare infatti che alcuni di questi uomini primitivi furono uccisi dalla caduta della volta della grotta. In nessuna catastrofe naturale come nei terremoti la morte è causata dall'opera stessa dell'uomo. La maggior parte delle vittime sono dovute ai crolli delle case e agli incendi; probabilmente un terremoto causava pochissime vittime nelle comunità di uomini primitivi, privi nella loro civiltà di costruzioni in muratura.

Il modo più importante per diminuire l'impatto distruttivo di un terremoto è quello di migliorare la risposta degli edifici alle oscillazioni del terreno. Per questo lo studio dei danni agli edifici durante i terremoti è molto importante per progettare costruzioni più sicure nelle zone sismiche. Il crollo è in sé un fenomeno complicato che dipende anche dall'ampiezza delle onde, dal periodo, dalla durata della scossa. In genere i primi crolli avvengono quando il suolo è scosso a

Fig. 2.14 Danni a San Francisco alla base degli edifici causati dal collasso di alcuni garage durante il terremoto di Loma Prieta del 1989. Foto di J.K. Nakata, riprodotto con permesso dell'USGS americano

circa il 20% dell'accelerazione di gravità. Gli edifici peggiori sono quelli in muratura a secco oppure in pietrame grezzo (spesso di provenienza locale) con cemento ricavato da una malta di argilla. Ma perfino palazzi ben progettati possono crollare per motivi inaspettati. Per esempio, due palazzi alti con periodi di oscillazione propri molto diversi tra loro possono oscillare in opposizione di fase e collidere se troppo vicini, danneggiandosi a vicenda.

In alcuni casi i palazzi si sono comportati come giganti coi piedi di argilla. In molte zone di San Francisco non è possibile costruire dei parcheggi sotterranei. Essi sono stati invece ricavati alla base degli edifici, col risultato di indebolirli alla base. Ecco perché durante il terremoto di Loma Prieta, di cui si dirà in seguito, molti palazzi rimasero integri nelle parti più alte, ma cedettero alla base (Fig. 2.14).

Purtroppo non è necessario che un edificio crolli per fare delle vittime; anche singoli blocchi di qualche chilogrammo possono uccidere cadendo da un'altezza di pochi metri (Fig. 2.15 a sinistra). È quindi importante che gli edifici rimangano il più possibile integri. Il

Fig. 2.15 A sinistra: edifici danneggiati da un terremoto in Iran settentrionale nel 1990. Anche se gli edifici rimangono in piedi, singoli blocchi in caduta possono essere pericolosi. A destra: l'accelerazione del suolo durante il terremoto del 1906 ha prodotto queste deformazioni delle rotaie dei tram. Cortesia USGS

vetro rotto, per esempio, rappresenta un pericolo enorme; l'uso di pellicole adesive può impedire che le finestre vadano in mille pezzi durante una scossa.

Dopo il crollo degli edifici, i danni peggiori di un terremoto in una grossa città sono provocati dagli incendi. Nel 1906, San Francisco (Fig. 2.15 a destra) fu devastata per giorni da terribili incendi che non si riuscirono a domare per inesperienza con gli esplosivi e soprattutto per la mancanza di acqua. Poco prima del terremoto, era stato proposto dal capo dei pompieri Sullivan di creare un sistema in grado di pompare acqua dal mare in caso di incendi. L'amministrazione di San Francisco, impegnata più a intascare tangenti provenienti anche da traffici illegali che a badare al bene dei cittadini, non se ne curò. Il risultato fu una lotta indomabile contro il fuoco casa per casa, quartiere per quartiere. Nel quartiere italiano fu addirittura usato il vino per mantenere bassa la temperatura dei tetti evitando che prendessero fuoco.

Quando il suolo sembra un mare in tempesta

Le conseguenze di un terremoto o di uno sciame sismico sul paesaggio naturale possono essere drammatiche. La scala Mercalli riporta

Fig. 2.16 Sconvolgimenti del terreno dopo il terremoto calabrese del 1783. Civica Raccolta delle Stampe Achille Bertarelli, Milano

anche una serie di fenomeni geologici durante un forte terremoto. Spaccature nel terreno, faglie, laghi che si prosciugano, torrenti che deviano.

Lo sciame sismico che nel 1783 sconvolse il meridione e in modo particolare la Calabria durò alcuni mesi, culminando il 5 febbraio con un undicesimo grado Mercalli. Oltre duecento terremoti aprirono enormi voragini; i fiumi cambiarono il corso rovesciando acque e fango. Si formarono strane cicatrici nel terreno e il suolo cominciò a ondeggiare e slittare. Perfino l'atmosfera sembrava aver premonizzato lo sciame sismico: secondo alcuni testimoni le nubi si colorarono di rosso sangue mentre il mare in lontananza ribolliva senza alcun vento apparente. Imponenti maremoti dovuti sia al terremoto, sia a grosse frane devastarono le coste. Alla fine la serie sismica aveva prodotto variazioni del paesaggio tali da renderlo irriconoscibile (Fig. 2.16). Trentamila persone morirono solo in Calabria, in un contesto sociale dominato da feudalesimo di stampo medievale, baronie, fortissimo potere clericale, brigantaggio.

Anche lo sciame che negli anni 1811-1812 sconvolse un'enorme area degli Stati Uniti intorno alla città di Nuova Madrid causò enormi variazioni del paesaggio. Così narra un testimone:

Contemporaneamente al rumore, la terra tutta si muoveva come onde marine, in maniera così violenta da lanciare persone, le onde stesse raggiungevano un'altezza di parecchi piedi e al punto più alto scoppiavano, lanciando nell'aria sabbia, acqua, e in qualche caso una specie di poltiglia nera bituminosa, queste a un'altezza considerevole, la più estrema di quaranta piedi, fin sopra la cima degli alberi. In contemporanea vi erano lampi come dall'esplosione di gas, o dal passaggio di un fluido elettrico da una nube all'altra [intende un lampo temporalesco] ma senza fiamme [...]. Insieme alle onde si formavano grosse fessure, alcune delle quali si richiusero immediatamente, mentre altre erano larghe fino a trenta piedi [...] queste fessure erano in generale parallele tra loro.

Un'area lunga 240 chilometri venne spinta verso il basso dai terremoti. I fiumi deviarono riempiendo la depressione e diedero origine ai laghi di St. Francis lungo oltre sessanta chilometri e quello di Reelfoot di 30 chilometri. Le enormi modifiche del paesaggio sono ancora lì a testimoniare che i processi geologici non sempre sono graduali, ma spesso catastrofici.

Fra gli sconvolgimenti geologici dovuti ai terremoti, sono però le frane quelle più pericolose. E a volte assai più devastanti del terremoto stesso.

Frane provocate dai terremoti

31 maggio 1970. Sono circa le tre del pomeriggio quando le montagne del Perù tremano per un terremoto dell'ottavo grado della scala Richter. Una scossa di quasi un minuto fa staccare cinquanta milioni di metri cubi di roccia e ghiaccio (un decimo della massa della frana del Vaiont) dalla parte superiore del monte Huascaran, a quota 5.900 metri (Fig. 2.17). Vi è un secondo ghiacciaio cinquecento metri in

Fig. 2.17 L'evento del Nevados Huascaran del 31 Maggio 1970. Da: U.S. Geological Survey Circular 639. Foto di Plafker, cortesia USGS

basso, il ghiacciaio 511. La mistura di roccia e ghiaccio piomba sul ghiacciaio 511 a oltre 300 chilometri orari. L'impatto crea un'esplosione tremenda simile a quella di una bomba e l'onda d'urto disegna sul ghiacciaio degli strani archi concentrici. Materiale fine viene lanciato nell'aria a formare una spessa nube nera. È dovuta alla polverizzazione del materiale roccioso durante la caduta iniziale sul ghiacciaio. Il ghiacciaio 511 ha un'inclinazione modesta, di soli venti gradi. Ma l'esplosione spinge il materiale roccioso ad altissima velocità, tra i 280 e i 335 chilometri orari.

Enormi massi vengono canalizzati lungo cordoni morenici (ovvero materiali lasciati dai ghiacciai locali) che fungono da piattaforme di lancio naturali. I macigni saltano nell'aria e piombano a parecchi chilometri di distanza come colpi di artiglieria pesante. Secondo alcuni studiosi le velocità raggiunte furono superiori a mille chilometri orari! Altri sono scettici su questo dato; valori di velocità così alti non verrebbero raggiunti nemmeno da massi in caduta libera. Vi è però da ricordare la fase esplosiva durante l'impatto col ghiacciaio 511. Forse l'onda d'urto ad alta velocità può aver dato una spinta extra al materiale roccioso. In ogni caso, le distanze chilometriche raggiunte dai macigni, fino a quattro chilometri, sono ben documentate dagli enormi crateri di impatto. Molte persone sono uccise da questo inusuale bombardamento. Proviamo a immaginare la scena. Dal cielo piovono blocchi di parecchi metri cubi a velocità di un jumbo jet; all'impatto si conficcano nel terreno soffice oppure cominciano a rotolare uccidendo persone, abbattendo le case, schiacciando il bestiame. Le fotografie prese dopo l'evento sembrano mostrare una zona di guerra più che una tranquilla valle peruviana (Fig. 2.18). Ma tutto questo è solo l'inizio. La vera devastazione deve ancora iniziare.

Vi è pochissima acqua lungo il percorso e inizialmente il materiale roccioso è secco. Ma sfregando la superficie del ghiacciaio, la roccia viva in movimento scioglie ghiaccio e neve. A conti fatti, una lastra spessa cento metri che scivola lungo un ghiacciaio per un dislivello di mille metri produce alla base uno strato d'acqua di qualche metro, se tutta la sua energia potenziale è stata usata per la fusione. In realtà questa è una stima per eccesso. Ma indubbiamente l'acqua di scioglimento doveva essere abbondante: è stata stimata in almeno 10-20 milioni di metri cubi. Quando una frana si disintegra, i frammenti assumono una varietà di dimensioni da grossi blocchi fino a piccole particelle di solo qualche millesimo di millimetro. Mescolata al materiale fine, l'acqua di scioglimento genera una colata fangosa[8] capace

---

[8] Di questo tipo di rischio idrogeologico ci occuperemo anche in seguito nella parte sulle catastrofi dell'acqua.

Fig. 2.18 La pioggia di massi creata dalla valanga di roccia del Nevados Huascaran ha formato un tappeto di blocchi lungo la piana del Rio Shacsha. Foto di Plafker, numero di identificazione ID. Plafker, G. 10 pla00010. Foto cortesia USGS

di scendere rapidamente inglobando tutto. La Fig. 2.17 mostra gli spaventosi effetti della colata del Nevados Huascaran. Durante il movimento verso valle, la colata si divide in due. Quasi mirando a produrre il massimo danno, una parte si dirige verso la città di Yungay (lobo a sinistra in figura). Quando gli abitanti vengono avvertiti da un forte vento è ormai troppo tardi. Il lobo di Yungay, seppellisce 18.000 persone sotto una coltre di 30 metri di sedimento di consistenza simile al cemento. Il lobo principale della colata raggiunge il fiume Rio Santa, uccidendo ancora sessanta persone nella città di Matacoto. La sinistra nuvola nera fa capolino in cima alla montagna del Nevados Huascaran, oscurandone la vista. La tragedia è conclusa.

L'evento del Nevados Huascaran non è unico. Al contrario, i terremoti sono fra le cause principali delle frane di roccia. L'esempio della Fig. 2.19 si riferisce a un sisma nell'Iran del Nord. Provocò il distacco di una frana che seppellì la città di Fatalak nel 1990. Fu impossibile recuperare le salme e l'intera area fu in seguito proclamata una cimitero.

Fig. 2.19 Il terreno visibile sulla sinistra è stato teatro di una frana (che ha causato parecchi morti seppellendo la città di Fatalak nell'Iran del nord) provocata da un terremoto a Rudbar nel 20 giugno 1990. Si noti il terreno profondamente disturbato

2.2 Origine dei terremoti

I terremoti sono la conseguenza della vitalità del nostro pianeta. Per comprenderne l'origine è necessario introdurre le idee che rivoluzionarono le Scienze delle Terra a partire dagli anni Sessanta e che vanno sotto il nome di tettonica a zolle o tettonica delle placche.

Dalla deriva dei continenti alla tettonica delle placche

Può sembrare strano, ma gli scienziati sono tra gli intellettuali più conservatori. Spesso è difficile introdurre nuove idee e solo dopo molto tempo ci si accorge che alcune di queste erano sensate. Max Planck scrisse che affinché le nuove idee possano prendere piede è necessario che muoiano i rappresentanti delle vecchie generazioni, legate ai vecchi paradigmi. Pochi anziani professori amano ammettere davanti a un giovane inesperto ma creativo di essersi sbagliati per decenni. Poiché essi controllano i fondi per la ricerca, preferiscono quindi sostenere progetti ortodossi che diano risultati sicuri (ma a volte sbagliati). Risultato: se un ricercatore vuole sperimentare percorsi nuovi rischia di non avere stipendio né fondi. Inoltre un ambiente scientifico in cui vige qualche paradigma frena la curiosità verso nuovi modi di osservare lo stesso problema. Non sorprende che alcune idee rivoluzionarie siano venute a persone estranee all'entourage scientifico o comunque isolate dal resto della comunità scientifica. Fu così per Newton, Mendel, Darwin, Einstein.

Alfred Wegener non era un geologo, ma un meteorologo. Un fisico, dunque. È ironico che la teoria da lui sviluppata venne controbattuta e criticata su basi fisiche. Wegener fu fra i primi a proporre l'idea che Africa e America del Sud un tempo fossero unite. Insieme agli altri continenti, nel tardo Paleozoico e all'inizio del Mesozoico formavano un unico continente, la Pangea (Fig. 2.20). Secondo Wegener, in seguito i continenti si separarono fino alla conformazione geografica attuale. A conti fatti, la velocità di allontanamento risultava di qualche centimetro all'anno. Poiché non si conoscevano forze capaci di spostare i continenti a queste velocità, per decenni la teoria di

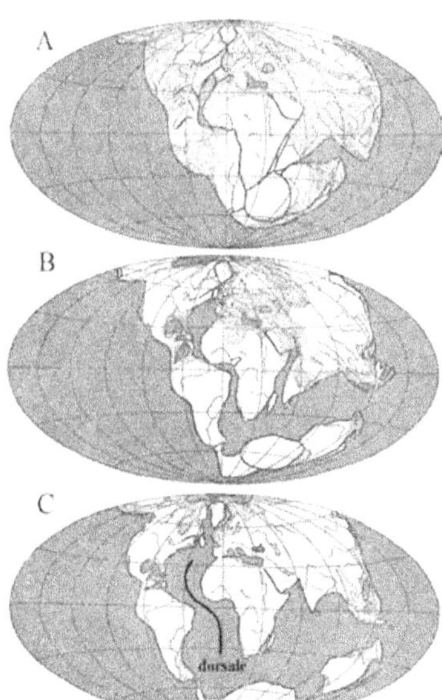

Fig. 2.20 La paleogeografia della Terra tratta dal lavoro originale di Wegener "La formazione dei continenti e degli Oceani". A: Carbonifero superiore, 300 milioni di anni fa. B: Eocene, 50 milioni di anni fa. C: Quaternario, 1 milione di anni fa. La parte puntinata tra Africa ed Europa corrisponde all'oceano della Tetide. La linea disegnata (disegnata qui ma assente nella figura originale di Wegener) rappresenta la dorsale medioatlantica, cicatrice residua della zona in cui i continenti erano uniti

Wegener fu ridicolizzata e poi dimenticata fino a quando negli anni Sessanta furono fatte delle precise indagini paleomagnetiche.

La prova del paleomagnetismo

Come si è visto in precedenza, sui fondali oceanici affiorano rocce vulcaniche di tipo basaltico. Lungo le linee di separazione dei continenti suggerite da Wegener si trovarono negli anni Sessanta delle specie di catene montuose sottomarine chiamate dorsali, una delle quali – quella tra America del Sud e Africa – è mostrata in neretto nella Fig. 2.20. La dorsale sappiamo oggi che corrisponde all'antica linea di saldatura tra diversi continenti in seguito separatisi.

La Terra possiede un campo magnetico creato soprattutto da movimenti di materiale liquido nel nucleo esterno. L'ago di una bussola si allinea con la direzione del campo magnetico, che è vicino al polo nord geografico. Ecco perché la bussola indica in modo approssimativo la direzione nord. Per motivi misteriosi, ogni tanto il campo magnetico si inverte: il polo sud magnetico diventa nord e viceversa. È un processo raro, che accade ogni centomila-un milione di anni. Da un esame dei basalti sottomarini è possibile stabilire se il campo magnetico era diretto o inverso quando essi furono eruttati. Si è trovato che il magnetismo ai due lati delle dorsali si presenta a strisce parallele alle dorsali stesse, un po' come la maglia di una squadra di calcio (Fig. 2.21). Lungo ogni striscia il campo magnetico ha una certa direzione opposta rispetto a quella nella striscia contigua. Le strisce appaiono simmetriche rispetto all'asse della dorsale, prova dell'apertura dei fondi oceanici e quindi dalla deriva dei continenti.

Cosa fa muovere i continenti?

Wegener portò una serie di prove paleogeografiche, paleontologiche, geologiche in favore della sua teoria, ma lasciò insoluto il problema delle forze capaci di spostare interi continenti alla velocità di qualche centimetro all'anno. Oggi conosciamo piuttosto bene la natura di queste forze. Sappiamo che il tremendo gradiente di temperatura attraverso il mantello terrestre è tale da creare delle *celle di convezione.*

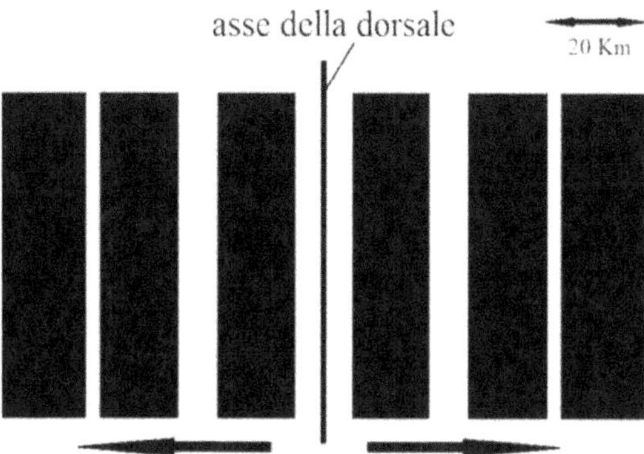

Fig. 2.21 Le rocce intorno alle dorsali sono dei basalti dovuti a tranquille eruzioni di vulcani sottomarini posizionati sull'asse della dorsale. Studiando il magnetismo delle rocce si è scoperto che alcune delle rocce (in bianco) sono state eruttate quando il campo magnetico aveva la stessa direzione di quello odierno mentre altre (in nero) quando il campo magnetico era invertito. Le strisce (qui assai schematizzate) appaiono simmetriche rispetto all'asse della dorsale. È quindi evidente che il fondo oceanico si è espanso come indicato dalle due frecce

Una pentola d'acqua calda riscaldata dal basso offre l'analogia più semplice. L'acqua sul fondo della pentola viene riscaldata dal fornello e si espande. Sale così verso la superficie da dove ridiscende dopo essersi raffreddata. Questo modo di scambiare calore, denominato appunto *convezione*, si realizza quando la conducibilità termica del materiale è troppo piccola e la *conduzione* di calore (in cui non vi sono movimenti del materiale ma solo del calore) non è un processo efficiente.

Nel mantello terrestre si formano delle analoghe celle di convezione che trascinano la litosfera e quindi la base dei continenti (Fig. 2.22). Il processo avviene anche se il mantello è solido e non liquido, perché è più efficiente trasportare calore da parte dei minerali del mantello spostando gli atomi che per mezzo della bassissima conducibilità termica delle rocce. Le rocce dei continenti sono più leggere di quelle del mantello. Pertanto i continenti, pur venendo trascinati orizzontalmente, non si immergono nel mantello, ma rimangono alla superficie. In maniera analoga, a causa del movimento del fluido in convezione nella

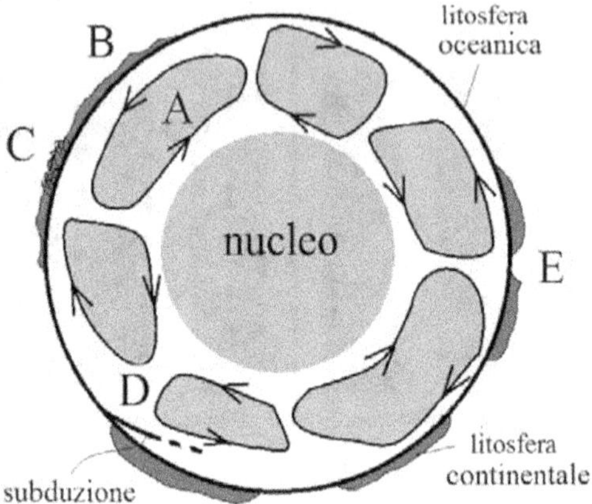

Fig. 2.22 Moti convettivi nel mantello terrestre. Una cella di convezione è indicata con la lettera A. Il movimeno delle celle guida sia la litosfera oceanica che quella continentale (come in B). Quando due porzioni di litosfera continentale collidono (C), si formano zone orogeniche e catene montuose. Porzioni di litosfera oceanica possono venir subdotte nel mantello (D). Dove due celle di convezione divergono alla superficie (E) i continenti si separano e si forma una dorsale oceanica. Non si è sicuri se le celle di convezione affondino nel mantello profondo fino al nucleo, come implicito in questo disegno altamente schematico

pentola, un pezzo di legno viene spinto qua e là dal movimento dell'acqua in risalita, senza sprofondare all'interno della pentola.

Le zolle litosferiche

La superficie della Terra è quindi in continuo movimento orizzontale. Come mostra la Fig. 2.23 (riprodotta a colori alla tavola 7), la litosfera è suddivisa in placche in movimento relativo tra loro. Alcune placche (per esempio quella pacifica) non contengono continenti e sono quindi puramente oceaniche; altre, come quella africana o quella eurasiatica, hanno al loro interno un continente.

Appare ora evidente che la separazione tra Africa e Sud America è dovuta alla divergenza tra la placca africana e quella sudamericana, su cui poggiano i rispettivi continenti. Nel margine tra le due placche vi è una dorsale oceanica (E in Fig. 2.22 e 2.23; nella figura della tavola 9 queste zone sono indicate con due frecce rosse che puntano in

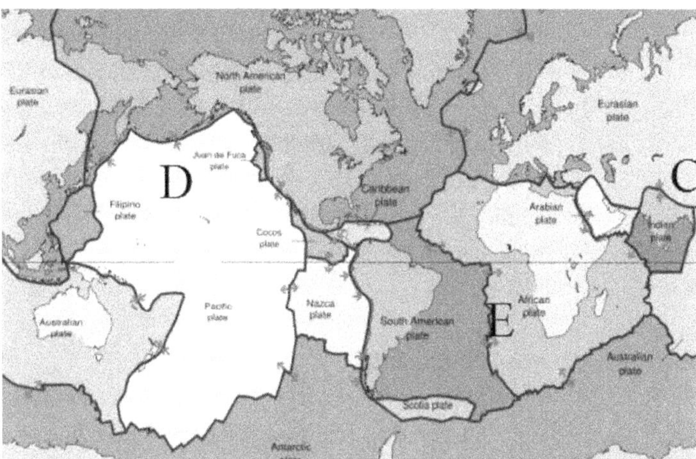

Fig. 2.23 Le placche litosferiche (la figura è riprodotta a colori alla tavola 7). Immagine USGS. I margini dove avviene divergenza delle placche sono detti costruttivi perché lì si forma nuova crosta oceanica (frecce dirette in senso opposto). Dove invece la litosfera viene subdotta (frecce nello stesso verso), si parla di margini distruttivi in quanto la litosfera oceanica viene subdotta e quindi distrutta

due direzioni opposte). Questo tipo di margine viene detto costruttivo in quanto la divergenza delle placche è accompagnata dalla creazione di nuovo magma in corrispondenza della dorsale.

Trasportati dalle placche, i continenti possono collidere formando delle catene montuose (C nella Fig. 2.22 e 2.23). Per esempio la catena dell'Himalaya è dovuta alla collisione della placca indiana contro quella eurasiatica (frecce che puntano nella stessa direzione nella tavola 7).

Quando la litosfera continentale è spinta contro quella oceanica (situazione D in Fig. 2.22 e 2.23), quest'ultima, più pesante, può venir subdotta sotto il continente. Migliaia di chilometri di litosfera oceanica vengono spinti a profondità vertiginose – centinaia di chilometri – sotto il mantello terrestre. La stessa cosa accade quando un margine oceanico è spinto contro un altro margine oceanico: una delle due placche è per forza di cose subdotta sotto l'altra. Un margine di questo tipo viene detto distruttivo in quanto la crosta oceanica viene distrutta nel mantello terrestre e in pratica riciclata in scale temporali di decine o centinaia di milioni di anni. Fenomeni di subduzione avvengono lungo quasi tutto l'oceano Pacifico e parte dell'oceano Indiano. Come appunto alle isole Aleutine in D (Fig. 2.22 e 2.23), ma anche in Indonesia, dove la placca autraliana preme contro quella eurasiatica, in sud America, o in Giappone. Dove avviene subduzione della litosfera oceanica, si formano zone ad arco geologicamente molto attive. Lungo queste zone si trovano numerosi vulcani, tra i più attivi e pericolosi della Terra.

Perché avvengono i terremoti

La Fig. 2.24 mostra la distribuzione mondiale degli epicentri registrati in un periodo di trentacinque anni. Confrontando la figura con quella precedente, si nota che gli epicentri si distribuiscono di preferenza lungo i margini tra le placche tettoniche. Alcuni terremoti sottomarini, di solito deboli, avvengono lungo le dorsali, dove le placche divergono (situazione E in Fig. 2.22 e 2.23). Altri avvengono ai margini tra una placca continentale e una oceanica in subduzione (per esempio alle isole Aleutine, situazione D in Fig. 2.22 e 2.23). Centinaia di chilometri sotto i piedi dei giapponesi, la placca oceanica pacifica viene subdotta sotto quella nordamericana. La placca subdotta può raggiungere i 700 chilometri di profondità prima di diventare meno

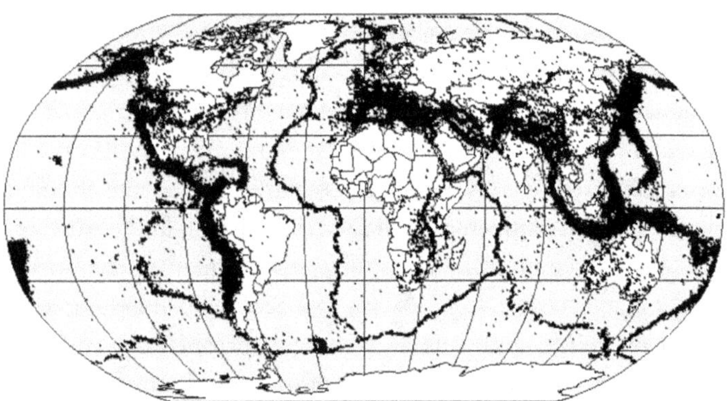

Fig. 2.24 Epicentro di 350.000 sismi registrati dal 1963 al 1998. Cortesia NASA e National Geophysical Data Center e National Earthquake Information Center

rigida e infine fondere, dando così luogo a terremoti profondi. Lo scontro tra placche continentali, come la regione Alpino-Hymalayana (situazione C di Fig. 2.22 e 2.23) dà luogo a violenti terremoti continentali.

I movimenti orizzontali delle placche generano delle forze tremende che le fanno collidere tra loro, le deformano, le frantumano. Mentre la velocità orizzontale delle placche è regolare e uniforme, il processo di deformazione delle rocce della litosfera non è continuo, ma avviene a scatti. I terremoti nascono dal rilascio improvviso di energia durante questi episodi.

Anche se molte questioni di base rimangono ancora aperte, alla luce della teoria della tettonica a placche abbiamo una comprensione soddisfacente dell'origine dei terremoti. Si tratta però di una conquista recente. Nel corso dei secoli vennero proposte numerose teorie per spiegare i terremoti, alcune delle quali piuttosto strampalate. Vediamone alcune.

Strani pesci, aria intrappolata e punizioni divine

Nel corso dei millenni, i terremoti hanno atterrito l'umanità più di altri tipi di catastrofi. Vi sono varie ragioni. Dal medio oriente all'antica Grecia (con l'intera area mediterranea e la Turchia), dalla Cina all'India, le regioni-culla della civiltà coincidono con molte zone sismiche. I terremoti colpiscono le coste e l'entroterra fino alla montagna, mentre altre catastrofi come tsunami o inondazioni sono geograficamente limitate. Inoltre i terremoti non conoscono mezzi termini. Se la scossa è piccola, essa andrà inosservata. Altrimenti giunge ineluttabile, distruttiva e senza preavviso. Un'inondazione ad esempio non solo è più graduale – soprattutto per popolazioni abituate a convivere coi fiumi – ma appare come una fluttuazione nel livello dell'acqua, solo più grossa della media. In altre parole, un'inondazione equivale un po' ad abbassare gradualmente la luce di una stanza; un terremoto a spegnerla improvvisamente.

Tuttavia è anche un motivo psicologico alla base del terrore dell'uomo per il terremoto. La madre Terra, simbolo di solidità e affidabilità diviene all'improvviso maligna, traditrice. Il terremoto assurge a rappresentare la fragilità della vita e della civiltà. Non sorprende che i terremoti abbiano catturato l'attenzione dei filosofi fin dall'antichità. Talete, Anassagora, Anassimene, Archelao, tutti vollero spiegarli in base a un elemento fondamentale del mondo, vuoi l'acqua, l'aria, il fuoco. Accanto a spiegazioni naturalistiche, nel Medioevo e nel Rinascimento si affiancano quelle astrologiche, religiose, magiche. Così Conrad von Megenberg, vissuto nel Trecento, avverte che:

> … tante donnette, nella loro pretesa di saggezza, credono che la terra appoggi su un grande pesce chiamato Celebrant, che si morde la coda. Quando questo pesce si muove o si gira, ecco il terremoto.

Ovviamente lo studioso non crede a questa assurda storia di "donnette":

> È una favoletta ridicola e ovviamente falsa ma ricorda la storia Ebrea del Behemoth. Spiegheremo invece cosa i terremoto effettivamente sono.

Va avanti sposando la teoria aristotelica dei vapori intrappolati nell'interno terrestre, il cui rilascio in superficie causerebbe il sisma. Una spiegazione naturale, dunque. Tuttavia non resiste al richiamo della sua epoca e chiama in campo anche l'influenza astrale:

> Il rilascio dei vapori è dovuto al potere delle Stelle, in specie di quella chiamata Marte che è poi il dio della guerra, o Giove e anche Saturno… se i vapori (richiamati dalle stelle) sono intrappolati sotto la terra, danno origine a un grosso terremoto

Anche Leonardo da Vinci credeva nella teoria dell'aria intrappolata. Egli giunse a questa conclusione non sulla base di Aristotele – come anche Galilei più tardi, Leonardo antepose sempre l'osservazione personale a ogni autorità scientifica e filosofica – ma attraverso un'osservazione interessante. Egli era convinto della continua mobilità della Terra. Quando i movimenti della terra sono molto veloci, una certa quantità di aria può venire intrappolata; i terremoti nascono dai tentativi dell'aria di uscire dal tappo di terra. Anche se il meccanismo di generazione del terremoto è sbagliato, vi sono elementi nuovi e personali in quest'osservazione, soprattutto nell'idea di possibili movimenti catastrofici della crosta terrestre.

Sono proprio i grossi terremoti a spronare ulteriori studi. Il terremoto di Ferrara del 1570 favorì numerosi trattati tra cui quello di August Galesius *de Terraemotu Liber* (Bologna 1571). Il libro di Galesio elenca le spiegazioni chiamate in causa fino a quell'epoca (è anche un lavoro "di rassegna" come si direbbe oggi). Vi sono così spiegazioni naturali e soprannaturali. Fra le seconde troviamo i demoni, gli influssi stellari e planetari, perfino l'influenza dei morti (un'idea di Pitagora caduta nel dimenticatoio per secoli). Tra le spiegazioni naturali, Galesio distingue tra quelle singole e quelle multiple. Il fuoco, i venti, il calore sono così tutti chiamati in causa nella sua rassegna. Galesio, anche lui in buona armonia con Aristotele, adotta la tesi dei venti sotterranei. Ed è proprio per questo che i terremoti sono più frequenti nelle zone temperate dove il freddo non è tale da sopprimere l'energia del vapore mentre il troppo calore non lo fa sbollire troppo velocemente.

Galesio propone una serie di interventi strutturali – come diremmo oggigiorno – per limitare la devastazione dei terremoti. Potremmo sposare ancora oggi due dei suoi consigli:

1) limitare l'altezza degli edifici;
2) le case dovrebbero essere supportate (alla base) il più possibile.

Ma il terzo sarebbe poco efficace secondo la moderna ingegneria sismica:

3) piazzare statue di Mercurio e Saturno intorno ai muri di contenimento.

E suggerisce che durante il terremoto si debba pregare Dio e chiedere la grazia.

L'analisi di Galesio è condotta con una certa scientificità, sia pure non nel senso moderno del termine. Ma in tutta la storia medievale si percepisce anche un altro elemento nella spiegazione dei terremoti e delle catastrofi in generale: la carica giustizialista di Dio. Troviamo già nella Bibbia

> La terra tremò; le fondamenta delle montagne vacillarono perché Lui era adirato... Dio tuonò dal cielo e fece udire la sua voce con grandine e carboni ardenti (Salmi 65, 9).

Del resto, molti terremoti sono interpretati come punizioni divine anche da studiosi illustri fino al XVIII secolo, e perfino nel XX. Dio prende di mira ora gli stabilimenti termali, ora i luoghi di malaffare e turpi commerci, o semplicemente la carenza di sentimento religioso. È difficile che non vi siano luoghi di questo tipo in una grande città e quindi la spiegazione si adatta bene a molte catastrofi, offrendo anche ulteriore potere al ceto religioso. Con la collera divina si può spiegare tutto e il suo contrario. Perché il terremoto di Palermo del 1726 uccise donne e uomini pii ma risparmiò il quartiere delle meretrici? Perché nella sua infinita grazia, Dio volle lasciar loro il tempo di pentirsi prima di morire!

Forse l'idea del Dio che punisce non ha tanto le sue radici nei libri religiosi; che sia invece un bisogno dell'uomo? Durante l'intera storia dell'umanità si sono presentati fatti spiegabili e inspiegabili secondo la scienza e la cultura dell'epoca. Ammettere che un fatto naturale non sia ancora spiegabile ma potrà esserlo in futuro è un concetto moderno e richiede una società in fase di evoluzione culturale. Nella psicologia collettiva delle civiltà passate era necessario giustificare in qualche modo fatti inspiegabili, a maggior ragione se cariche di morte e terrore come le catastrofi. Ecco perché dèi e divinità sono sempre stati chiamati in causa in civiltà lontane e periodi diversi. E le divinità vogliono sempre un colpevole da immolare.

Il terremoto fa crollare Lisbona assieme a molti dogmi

Sono le dieci meno un quarto del mattino del 1 novembre 1755. Con 270 mila abitanti, Lisbona è la quarta città più grande d'Europa. Al largo del Portogallo, intricati sistemi di faglie si intersecano in una zona tettonicamente molto complessa e instabile. Il movimento improvviso di una faglia a un centinaio di chilometri dalla costa genera un terremoto tra il grado 8,4 e 9 della scala Richter, uno dei più distruttivi degli ultimi 250 anni. La terra oscilla per quasi tre minuti facendo crollare chiese e palazzi. È difficile raccontare cosa avvenne quel primo novembre senza l'aiuto di un testimone, un chirurgo inglese di nome Richard Wolsall:

> ... in pochi secondi vennero giù tutte le chiese e i conventi della città, insieme al palazzo del re e al magnifico teatro dell'opera […] nessun palazzo si salvò […] la visione orripilante dei morti, insieme alle grida di coloro che erano per metà sepolti sotto le macerie eccede ogni mia possibile descrizione […] perfino la persona più risoluta non osava stare neppure un momento a rimuovere le pietre dal volto dell'amico più caro, sebbene molti sarebbero potuti essere salvati in questo modo: ma nessuno pensava a null'altro se non alla propria salvezza; raggiungere luoghi all'aperto e in mezzo ad ampie strade era la sicurezza più probabile.

Tutto concorre quel giorno alla distruzione, come se la morte avesse chiesto aiuto alle forze della natura e perfino al calendario. Capitale di un importante regno cattolico, Lisbona sta infatti celebrando il giorno di Ognissanti e a quell'ora le chiese sono gremite. Se il terremoto fosse avvenuto in un giorno diverso, le persone sarebbero state sorprese in casa e avrebbero avuto più possibilità. Innanzitutto le case sono più piccole delle chiese, meno voluminose le macerie, più bassi i tetti (anche se a Lisbona ve ne erano anche di alte). Inoltre una persona salvatasi dal crollo di una casa conosce il numero di familiari ancora sepolti e può più facilmente aiutarli. Ma le chiese gremite coi loro pesanti tetti si trasformano da trappole mortali in anonime fosse comuni. E non è finita.

Meno di un'ora più tardi una seconda scossa, più breve ma più intensa. Molta gente in preda al panico si precipita sulla riva del mare come per cercare rifugio nello spazio più ampio possibile. Rimangono al sicuro per poco tempo. L'acqua messa in moto dal movimento rapido della faglia raggiunge la terra a una velocità di trecento chilometri all'ora. In solo mezz'ora, l'onda di tsunami spazza via la costa con onde alte fino a dodici metri. Ritirandosi dalla terra distrutta, il mare trascina migliaia di corpi verso gli abissi dell'Atlantico incluso l'ambasciatore spagnolo e il suo seguito. Lo tsunami raggiunge Cadice e Gibilterra; l'intera costa portoghese e parte di quella marocchina vengono spazzate dalla furia delle onde.

Nelle città colpite e soprattutto a Lisbona le candele accese per la festa religiosa provocano numerosi incendi che molti commentatori considerano perfino come una benedizione contro l'epidemia. Ma di certo completano la distruzione tanto che alla fine solo un quarto degli edifici è ancora in piedi. Infine, una terza scossa. Questa volta l'epicentro non è al largo del Portogallo, ma in Marocco. Gli abitanti di Fez subiscono all'istante la stessa sorte dei portoghesi. Anche Algeri e Tangeri sono seriamente colpite.

Il terremoto di Lisbona segnò una svolta nella maniera di guardare le catastrofi. La notizia fece il giro del mondo e naturalmente molti commentatori religiosi ripresero la tesi del Dio punitivo. Come il gesuita Gabriel Malagrida che tuonò

> Impara, o Lisbona, che i distruttori delle nostre case, palazzi, chiese, conventi, la causa della morte di 'si tante persone sono i tuoi abominevoli peccati, e non cause naturali [...]. È scandaloso pretendere che il terremoto sia stato un evento naturale perché se fosse vero non vi sarebbe necessità di pentimento e cercare di placare l'ira di Dio [...]. È necessario incanalare tutta la nostra forza allo scopo del pentimento.

E il reverendo Wesley scrisse:

> Povero nobile, povero folle, dove sono adesso i tuoi titoli (nobiliari)? E tu folle ricco, dov'è ora il tuo dio aureo? Se c'è qualcosa che può aiutare, questa è la preghiera. Ma chi pregherai? Non il Dio dei cieli: credi che Lui non abbia nulla a che fare coi terremoti?

Non sempre queste invettive religiose, soprattutto da parte dei gesuiti, erano in buona fede. Se il terremoto è dovuto a un Dio punitivo, allora i suoi intermediari sulla Terra acquisiscono di importanza in quanto unici a poter placare le ire divine. Con i suoi aspetti spaventosi, il terremoto si inseriva in una complessa lotta tra il potere civile e quello religioso. Malagrida consigliava a tutti i peccatori di Lisbona sopravvissuti di ritirarsi per almeno sei giorni in un monastero gesuita. Soprattutto, non si dovrebbe partecipare alla ricostruzione col solo risultato di offendere Dio, ma in preghiera. L'Inquisizione, potentissima nella penisola iberica, condannò molti disgraziati a essere bruciati in piazza in cerimonie passate alla storia come autos-da-fé o autodafé (cioè atti di fede). C'è differenza rispetto a popolazioni considerate primitive come quelle precolombiane, anch'esse dedite ai sacrifici umani durante periodi di crisi?

Ma ormai i tempi erano cambiati. Alcuni sostennero che Dio aveva certamente causato il terremoto col suo volere, ma non per punire qualcuno. Semplicemente aveva deciso così dalla notte dei tempi, proprio come un orologiaio che progetta un orologio perché batta i rintocchi a mezzogiorno. Un universo in cui non vi siano punizioni divine e tutto è programmato è un passo verso un meccanicismo estremo. Secondo questa visione filosofica, la successione degli eventi nell'Universo è determinata completamente da leggi dinamiche fisse e condizioni dettate all'inizio dei tempi. Qualche tempo prima, Leibniz (1646-1716) aveva sostenuto che vi sono nel mondo forze del male ma un intervento di Dio per sconfiggerle implicherebbe che il mondo è imperfetto. Cosa impossibile, per cui, sostenne, viviamo nel migliore dei mondi possibili.

Accaduto in pieno Illuminismo, il terremoto suscitò un grande interesse da parte dei principali filosofi del tempo. I più famosi libelli filosofici sono le disquisizioni di Voltaire, il *Poeme sul la destruction de Lisbonne* del 1756 e il *Candide* di tre anni dopo. Perché un Dio benevolo avrebbe voluto la morte di tante persone innocenti? Lisbona aveva più vizi di Parigi? Anche Rousseau fu molto colpito dal terremoto. La colpa era degli uomini ma non per via dei peccati. Perché – si chiese invece Rousseau— riunire tutte queste persone in case elevate? Le sue intuizioni appaiono ovvie oggigiorno, ma non lo erano in un'epoca in cui l'autocritica veniva esercitata solo su basi irrazionali. Anche Immanuel Kant scrisse che non si dovrebbe costruire dove avvengono questi eventi. Una verità purtoppo ancora disattesa!

Il terremoto di Lisbona segna una svolta nella storia delle catastrofi anche per via della conduzione dell'emergenza e della ricostruzione da parte del primo ministro, il famoso Marchese di Pombal. Il suo primo passo è ancora ricordato dalla storia. Sembra che alla richiesta dal re sul da farsi dopo la terribile catastrofe rispose semplicemente: *seppellire i morti e dar da mangiare ai vivi*. Il marchese di Pombal introdusse tecniche innovative per la ricostruzione di Lisbona che un anno dopo ricominciò già a pulsare. Impose criteri antisismici nella costruzione dei nuovi edifici e ordinò fossero condotti degli esperimenti simulando i terremoti con dei soldati in marcia. Inoltre ridusse l'importanza della chiesa e dell'inquisizione in Portogallo. Per favorire ottimismo nella popolazione stroncò la cultura clericale che vedeva il sisma come punizione divina, dandogli un colpo dal quale non si sarebbe ripreso.

L'occasione venne con il tentativo di uccidere il re José. Il pieno potere da lui accordato a Pombal lo aveva reso inviso a molti nobili, che agirono nel settembre 1758. L'attentato fallì e insieme al gruppo di aristocratici sospettati del tentato regicidio, Pombal riuscì a trascinare i gesuiti. Molti religiosi di alto rango furono giustiziati, altri espulsi, i loro beni confiscati. Grazie al terremoto, Pombal era ormai divenuto una specie di dittatore. Malagrida fu processato dalla stessa inquisizione, ormai indebolita e manovrabile; condannato a morte, fu giustiziato nel 1761.

Ma al marchese di Pombal non andò meglio, dopotutto. Alla morte di re José gli succedette la religiosissima figlia Maria che dichiarò il marchese un criminale e ripristinò buona parte del potere religioso. Pombal morì cinque anni dopo in completa disgrazia.

È possibile prevedere i terremoti?

È la domanda più comune rivolta ai sismologi. Vi sono studi seri sull'argomento, previsioni azzeccate e grossi errori. Congetture che vanno dallo scientifico al grottesco, dal rigoroso al fantasioso abbondano sulla stampa ma anche nella letteratura scientifica. Si è anche parlato di misteriose conoscenze che sarebbero andate perdute, di animali che sentono il terremoto, di gas che rivelerebbero l'incombere di un grosso sisma, di scienziati eterodossi in possesso di conoscenze importanti. Cosa c'è di vero in tutto questo?

California, 17 ottobre 1989. Per gli appassionati di baseball è un giorno speciale. Come ogni anno, risulta vincitrice del torneo più importante degli USA quella che raccoglie quattro vittorie su sette, e quel pomeriggio si disputa la terza partita tra i Giants di San Francisco e gli Athletics di Oakland. Verso le cinque del pomeriggio le squadre si stanno riscaldando mentre la gente finisce di prendere posto nello stadio di Candlestick Park, nella parte sud di San Francisco. Alle 5.04 il suolo comincia a tremare. La gente non ha dimenticato il tremendo terremoto che nel 1906 distrusse San Francisco. Sa che il territorio è funestato dalla presenza di un'importante linea tettonica, la faglia trascorrente di San Andreas (Fig. 2.9), margine tra la placca pacifica e quella nordamericana (indicata con SA in Fig. 2.23). La linea taglia l'intera California per oltre mille chilometri da sud verso nord e nel futuro remoto finirà per segarla in due creando un lunga isola nel mezzo del Pacifico. Stavolta l'epicentro è nella zona di Loma Prieta, circa 60 chilometri a sud di San Francisco. Se la gente è consapevole del rischio terremoti a San Francisco, i sismologi americani lo sono ancora di più. Un terremoto violento nella zona è aspettato, anzi alcuni lo ritengono "in ritardo". E hanno anche previsto la localizzazione dell'epicentro proprio a Loma Prieta. Su quali basi?

Si chiama "teoria del gap sismico". Se si riportano le posizioni degli epicentri di tutti i terremoti californiani, si vede che molti cadono sulla faglia di San Andreas, un dato che mostra la grande attività di questa faglia. Lo studio della distribuzione dei terremoti lungo la faglia e le posizioni degli ipocentri rivelano qualcosa di interessante. La Fig. 2.25 riporta con una serie di macchie l'attività sismica in funzione della posizione e della profondità lungo la faglia di San Andreas. La parte superiore del grafico mostra i dati prima del terremoto di Loma Prieta

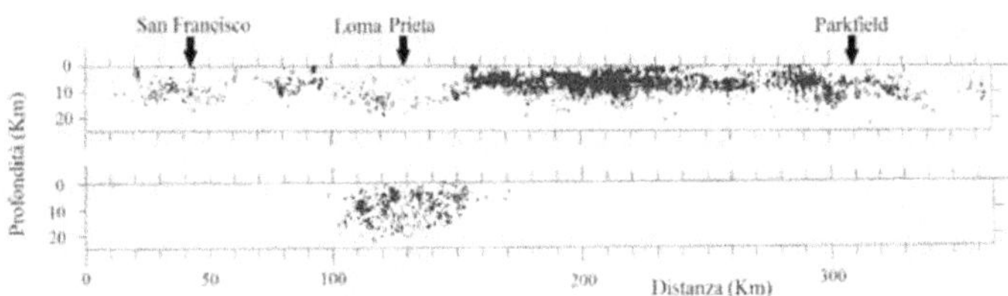

Fig. 2.25 Il "gap sismico" relativo al terremoto di Loma Prieta, California. Grafico dall'USGS, modificato

del 1989. È evidente che gli ipocentri dei terremoti lungo la faglia di San Andreas non sembrano voler coprire in maniera uniforme la linea di faglia. Prima del 1989 vi era scarsa attività nella zona di Loma Prieta, segnalata dalla presenza di un "gap" ovvero una lacuna ben visibile nei dati (Fig. 2.25). La deduzione fu che il terremoto successivo sarebbe dovuto avvenire in modo tale da ridurre gli "spazi bianchi" nel grafico superiore di Fig. 2.15. Fu una previsione azzeccata. Nel grafico inferiore di Fig. 2.15 si vedono bene i vuoti riempiti dal terremoto di Loma Prieta del 1989 e dalle successive scosse di assestamento.

Anche se il terremoto di Loma Prieta non fu paragonabile come violenza e devastazione a quello del 1906, alla fine della giornata si contarono comunque 62 morti. Parte di una strada importante, la 880, passa proprio su una zona di sedimenti alluvionali che amplificarono di tre volte l'ampiezza delle onde sismiche. Il crollo del viadotto sull'autostrada 880 a Oakland coinvolse alcune auto e camion (Fig. 2.26), ma il bilancio poteva diventare assai più grave. La partita di baseball ebbe il merito di trasferire moltissime persone dalle strade durante l'ora di punta alle abitazioni.

Si ha notizia di altri sismi che hanno riempito gap sismici, come per esempio il forte terremoto avvenuto in Alaska nel 1964 e quello a Città del Messico del 1985. La teoria del gap sismico sembra quindi fornire almeno la localizzazione di futuri terremoti. C'è da chiedersi però se sia possibile una previsione più specifica del momento in cui avverrà un terremoto. Purtroppo la previsione della scossa principale di un terremoto sembra possibile o nel lungo termine come a Loma

Fig. 2.26 Vista aerea del viadotto dell'autostrada 880 crollato a Oakland (California) durante il terremoto di Loma Prieta del 17 ottobre 1989. Foto di H.G. Wilshire di dominio pubblico, riprodotta con permesso dell' USGS Americano

Prieta (e quindi con una grande incertezza del momento preciso e perfino dell'anno o del decennio) o nel brevissimo termine, con solo una manciata di secondi di anticipo. Come abbiamo visto, le onde P giungono prima delle onde S e delle onde di superficie. Le onde P quindi annunciano con breve anticipo l'arrivo di onde ben più pericolose. Quanto breve? Dipende dalla distanza. Se l'epicentro è a una distanza di 1000 chilometri, le onde P giungono in anticipo di poco più di un minuto e mezzo rispetto alle S. Un tempo sufficiente per evacuare case singole o edifici a pochi piani, ma terremoti così lontani di solito non recano grossi danni. Sarebbe interessante prevedere terremoti con epicentro più vicino. Tuttavia un terremoto distante 200 chilometri si annuncia con un anticipo di soli venti secondi. A San Francisco, l'arrivo delle onde P fu segnalato da soli 8 secondi di anticipo rispetto alle S. È difficile che tempi così brevi siano utilizzabili per un'evacuazione degli edifici.

Da anni si studiano un po' in tutto il mondo i precursori dei terremoti: fenomeni come la deformazioni del suolo, variazioni del livello di acqua, elettricità delle rocce, concentrazione di gas come il radon. Quest'ultimo ha creato una notevole controversia in Italia durante lo sciame sismico che ha colpito l'Aquila nel 2009 quando un tecnico dell'Istituto Nazionale di Fisica Nucleare, Giampaolo Giuliani, affermò e forse in parte provò di poter prevedere le principali scosse della regione basandosi sull'analisi di questo gas.

Il metodo VAN, basato invece su uno studio greco, è stato attaccato con forza e difeso con altrettanta tenacia. Si basa sull'analisi dei segnali elettrici, ma a tutt'oggi non si può dire abbia dato molte previsioni utili. Ben pochi argomenti geologici provocano aspri dibattiti come la previsione dei terremoti. Non è solo una questione importantissima sia dal punto di vista scientifico che umano; vi è in mezzo anche la delicata questione dell'evacuazione. Quando si deve evacuare una popolazione di centomila persone? L'evacuazione è costosa e se non è seguita da alcun terremoto genera un effetto "al lupo al lupo" che stronca l'autorità di scienziati, istituti e amministrazioni. Così alla prossima emergenza, magari meglio fondata, si rischia che la gente non ne voglia più sapere.

Ma torniamo alla Fig. 2.25. La zona di Parkfield riportata sulla destra fu protagonista di un costoso "flop" nella storia della previsione sismologica. La zona è stata colpita da terremoti importanti negli anni 1857, 1881, 1901, 1922, 1934 e 1966. Gli intervalli fra un terremoto e il successivo sono stati quindi di 24, 20, 21, 12 e 32 anni. Nel 1984 questo fece pensare a una regolarità quasi cronometrica dei sismi: uno ogni 18-26 anni. Perché proprio a Parkfield e non altrove? Parkfield si trova a circa metà della faglia di San Andreas e forse questo implicava movimenti della faglia più regolari. A conti fatti il nuovo sisma sarebbe dovuto accadere dal 1984 al 1994, con una maggiore probabilità verso il 1989-1990. Furono spesi moltissimi soldi per monitorare il terreno a Parkfield in attesa del terremoto del 1990. Ma non accadde nulla. Solo nel 2004 un terremoto di magnitudo 4, un po' troppo in ritardo per considerare la previsione come un successo. Una conseguenza positiva è che l'intera Parkfield è diventata una specie di laboratorio per lo studio dei terremoti.

Negli ultimi mesi del 1974 e nel gennaio 1975, i sismologi cinesi notarono movimenti sospetti del suolo. L'acqua nei piezometri mostrava uno strano comportamento e gli animali apparivano inqueti: galline, maiali, ratti sembravano ubriachi; le oche volavano sui rami degli alberi quasi a voler fuggire dal terreno. La città di Haicheng venne evacuata il 5 febbraio 1975. Appena dodici ore dopo, un terremoto di magnitudo 7,2 la colpì duramente, distruggendo il 90% delle abitazioni. Sebbene la devastazione fu inevitabile, furono risparmiate moltissime vite umane. Altri terremoti furono previsti in Cina gli anni successivi, ma purtroppo non quello di Tangshan del 28 luglio 1976, che fece 250.000 morti.

È stato detto che molti animali si comportano stranamente prima di una catastrofe. Cosa c'è di vero? Sembra che i pesci gatto sentano i terremoti in anticipo al punto da saltar fuori dall'acqua. Vermi e serpenti a volte abbandonano il terreno mentre gli animali dello zoo di San Francisco sono monitorati costantemente nella speranza possano fornire un'informazione in più in caso di terremoto; pare infatti che i mammiferi tendano a riunirsi per la paura poco prima di un terremoto. Numerosi aneddoti segnalano la fuga di animali di compagnia prima di un terremoto, anche se studi recenti più rigorosi lo escluderebbero. È un mistero il motivo per il quale molti animali dovrebbero sentire l'arrivo di un terremoto. Forse in alcuni casi essi percepiscono gli ultrasuoni, ma vermi e serpenti non li possono sentire. Forse fuggono dalle emanazioni di un gas come il metano, che in effetti si sviluppa durante un terremoto; ma a volte gli stessi animali colonizzano senza problemi suoli con concentrazioni di metano molto maggiori.

Un'antica popolazione migliaia di anni prima di noi forse osservava gli animali per prevedere i sismi. Si tratta degli etruschi[9]. Quando osservavano strani fenomeni naturali come cambiamenti nel livello dei pozzi o nel colore dell'acqua insieme a comportamenti anomali degli animali, essi abbandonavano le abitazioni, uscivano dalla città, e interrogavano un sacerdote. Comportamenti assai utili in caso di possibile catastrofe. Perfino il sacerdote non aveva solo il compito di consolazione religiosa. Uccideva un grosso animale e ne osservava i

---

[9] Si veda anche Santoianni (1996).

visceri e il sangue. Se erano schiumosi, l'arrivo di una catastrofe era certa. Erano quindi necessarie processioni per garantirsi i favori degli dei. In caso di terremoto, le città erano dunque spopolate e la morte di molte persone evitata. Secondo il chimico-fisico Helmuth Tributsch, il cambiamento nel colore del sangue potrebbe essere dovuto al radon che si sprigiona dal terreno prima di un sisma e aumenta la produzione di serotonina, rendendo anche gli animali più inquieti.

Appare quindi sensato concludere così: finora non è possibile prevedere i terremoti con ragionevole certezza, sebbene gli studi continuino e vi siano speranze per il futuro. La cosa migliore e ovvia è quella di ridurre l'impatto dei terremoti nelle regioni a rischio sismico. Anche in questo caso, però, è bene ricordare che purtroppo i terremoti non sempre avvengono nelle zone considerate a rischio. Lo sciame sismico di New Madrid è avvenuto nel mezzo di una placca tettonica, una vastissima zona dove non ci si aspetterebbero grossi sismi.

A partire dal gennaio 1968, una serie di terremoti interessò un'ampia zona della Sicilia tra la valle di Mazara e quella del Belice. Le scosse si protrassero per mesi – anche se quelle più devastanti si concentrarono nel mese di gennaio, soprattutto nella notte tra il 14 e il 15 quando fu raggiunto il IX grado della scala Mercalli – e devastarono molti paesi facendo centinaia di vittime. Anche qui l'assenza di terremoti storicamente importanti dava l'illusione che la zona fosse immune dal rischio sismico. La gente fu quindi colta di sorpresa; molte case, di bassa qualità dal punto di vista sismico, crollarono facilmente.

La legge di Gutenberg-Richter

Chiudiamo con una nota pessimistica: forse i terremoti sono eventi poco o per nulla prevedibili. C'è una teoria, chiamata *self-organised criticality* che cerca di unificare fenomeni diversi come le scintille in un condensatore, le estinzioni delle specie, i vortici in un superconduttore e i terremoti, descrivendoli tutti con un'analogia molto semplice: quella di una pila di sabbia. Se consideriamo una pila conica di sabbia all'angolo di riposo, l'aggiunta di pochi granelli può produrre valanghe sui lati un po' di tutte le dimensioni: da quelle che coinvol-

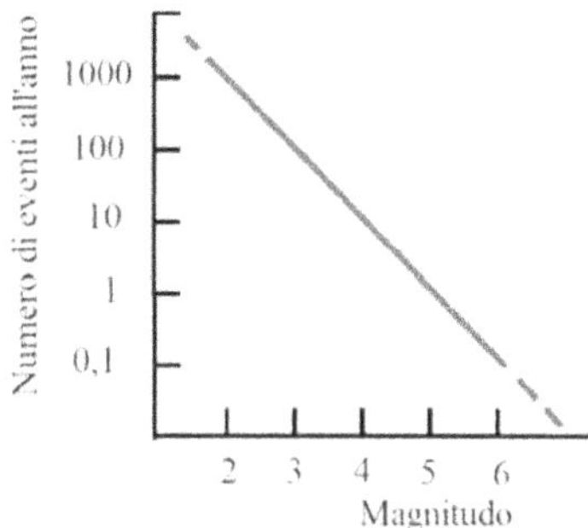

Fig. 2.27 La legge di Gutenberg-Richter. Il numero di terremoti all'anno maggiori di una certa magnitudo diminuisce in maniera drammatica con la magnitudo

gono pochi granelli a crolli di ampi settori del cono. I terremoti sono visti come fenomeni simili alle valanghe di una pila di sabbia. La teoria prevede che le valanghe piccole siano numerosissime, quelle di grandezza media siano un po' meno numerose, e infine quelle veramente grandi siano poche. Gli esperimenti con sabbia, riso e altri materiali granulari confermano le previsioni della teoria.

Questa diminuzione del numero di eventi con la grandezza segue la relazione matematica chiamata legge di potenza. È esattamente la stessa legge che si osserva per i terremoti, dove viene chiamata la legge di Getenberg-Richter (Fig. 2.27). Il grafico si legge così: ogni anno vi sono almeno 100 terremoti di magnitudo 3, 10 di magnitudo 4 e 1 di magnitudo 5. In realtà si elaborano continuamente grafici basandosi su nuovi dati, distinguendo tra scossa principale e scosse di assestamento e anche tra diverse regioni della Terra.

Ma la sostanza del grafico resta a mostrare come terremoti anche molto devastanti accompagneranno l'umanità nel futuro, come sempre hanno fatto.

Terremoti: corso di sopravvivenza

Il consiglio ovvio sarebbe quello di stare alla larga dalle zone sismiche. Non solo questo è impossibile per milioni di persone in Italia e miliardi al mondo. Non è nemmeno detto che zone considerate abbastanza sicure lo siano veramente. Un consiglio più utile è scegliere di vivere in abitazioni costruite con criteri antisismici. Se anche questo non fosse possibile, un passo successivo è quello di verificare almeno la stabilità di quella parte degli edifici facilmente modificabili. Per esempio i comignoli, le tegole dei tetti e tutte le parti esterne poco stabili. Ma il pericolo può annidarsi all'interno. Bollitori dell'acqua calda soprattutto se pieni, grossi quadri e altri oggetti appesi al muro, lampade, statue, possono trasformarsi in proiettili quando il terreno si muove a meno della metà dell'accelerazione di gravità. Tutti questi oggetti dovrebbero essere fissati alle pareti con cura particolare. Evitare oggetti sospesi (librerie piene molto alte, mobili che si possono ribaltare).

Come occorre comportarsi in caso di una forte scossa di terremoto? Distinguiamo i due casi: i) ci si trova all'aperto, e ii) all'interno di un edificio. Nel primo caso stare lontano da qualsiasi struttura artificiale o naturale che possa crollare. Ponti, cavalcavia, depositi instabili e pronti a franare possono divenire trappole mortali. Se il terremoto è molto forte, allontanarsi dalle coste per il pericolo di tsunami, oppure salire a una quota di almeno quindici-venti metri sul livello del mare. Se invece il terremoto sorprende in casa o in albergo, vi sono due possibilità. Se si vive al pianterreno e uscendo ci si trova alla larga da edifici elevati, conviene uscire immediatamente, guardandosi dalla caduta di oggetti. Ma se il terremoto è diventato forte a quel punto conviene rimanere dentro. L'ideale sarebbe restare sotto uno spesso tavolo di legno o metallo e aspettare la fine della scossa. In questo caso, perfino nel caso peggiore in cui la casa crolli, vi sono maggiore possibilità di sopravvivenza in quanto il tavolo crea una "sacca" nelle macerie. Solo a scossa finita sbrigarsi a uscire coi familiari, guardandosi dal possibile distacco di cornicioni, comignoli, mattoni, finestre rotte. Attenzione alle scosse di assestamento. Possono avvenire minuti ma anche ore o giorni dopo ed essere altrettanto devastanti.

Viene anche raccomandato di tenere a portata di mano acqua e viveri nelle zone sismiche.

3. Le frane

3.1 Quando la gravità uccide
La storia che stiamo per raccontare ci riporta nelle semplici società di montagna di un tempo, dominate dalla povertà prima del turismo di massa. È una storia particolare quella della frana di Elm: di un ragazzino che scappa da un fiume di roccia, di case spostate dai detriti, di persone che muoiono ma animali che si salvano. Nessuno prima di Elm aveva mai pensato che la roccia viva potesse fluire come un torrente impetuoso.

Elm e il fiume di roccia
Prima che il recente benessere penetrasse nelle zone montuose, nascere in montagna significava una vita di duro lavoro, pochi soldi, esigue prospettive. Il turismo era per pochi benestanti e gli unici forestieri erano spesso gli ospiti dei sanatori. Ci si arrangiava anche a fare mestieri che rendevano poco. Come quello, diffuso in alcune zone alpine, di cuocere il calcare in enormi forni a legna per ricavarne la calce viva.

Quando le scuole divennero obbligatorie nella seconda metà del XIX secolo, si aprì un'ulteriore prospettiva per alcune comunità: l'estrazione di roccia per le lavagne scolastiche. La cittadina di Elm in Svizzera sorgeva sul posto giusto. La prospettiva di un guadagno modesto ma immediato era in una fascia di ardesia nera, un'occasione da non perdere anche a costo di lavorare senza la dovuta esperienza.

I lavori cominciarono così in maniera caotica. Scavatori dilettanti attaccarono la zona base dell'affioramento, l'unica alla portata del loro piccone. È esattamente il modo più efficace per rendere instabili i versanti.

Esaminiamo più in generale una situazione comune nelle Alpi. La Fig. 3.1 mostra una configurazione geologica di strati rocciosi con la stessa direzione del versante (A). I geologi parlano di strati a franapoggio, una situazione già instabile di per sé. Se poi si eliminano gli strati di base che puntellano quelli sovrastanti (come in B), i pacchi rocciosi divengono ancora più instabili. Lo stesso principio vale anche per affioramenti non stratificati, ma di roccia compatta (C). Pure sovraccaricando le parti superiori di un pacco roccioso si aumenta la tendenza dell'ammasso roccioso a franare (D). L'azione peggiore è quindi quella di sottrarre materiale alla base di un certo pacco roccioso o terroso, e spostarlo al tetto.

Dopo settimane di scavi, gli abitanti di Elm dovettero interrompere l'attività alla cava in quanto la caduta di massi era ormai troppo frequente. In assenza però di seri pericoli, un insegnante locale con-

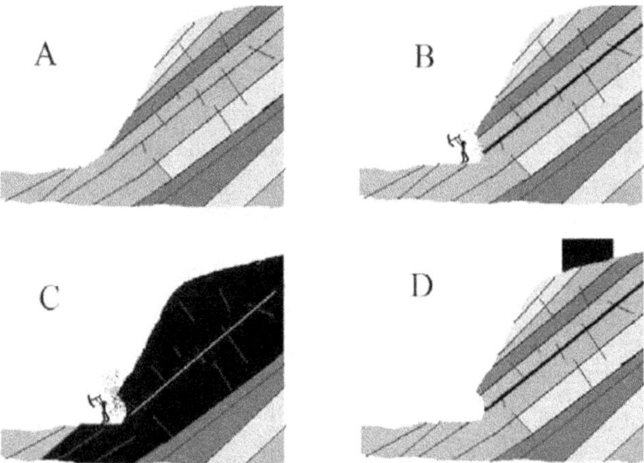

Fig. 3.1 L'instabilità di una parete rocciosa può essere creata da cattiva tecnica minatoria. Rocce stratificate con strati paralleli al versante come quelli in A sono spesso instabili. Se si scava alla base come in B, l'instabilità aumenta perché si eliminano i materiali rocciosi che puntellano la parete. Si forma così una superficie debole (linea nera nella figura B) lungo la quale gli strati rocciosi possono scivolare. Lo stesso principio vale anche per le rocce non stratificate ma compatte come a Elm (oppure con strati non paralleli al versante), sia pure con minore tendenza alla caduta catastrofica (C). Anche appesantire la sommità con edifici o depositi di materiale roccioso come in (D) rende il versante ancora più instabile

sigliò solo alcune piccole modifiche. Si temevano al massimo cadute di massi ma non crolli di grandi dimensioni. E anche se l'intero settore della montagna fosse venuto giù, la roccia frantumata si sarebbe di certo fermata alla base. Gli abitanti di Elm si tranquillizzarono. Era il 10 settembre 1882.

Il giorno dopo, l'11 settembre, un dodicenne di nome Fridolin Rheiner camminava non lontano dalla cava di ardesia. Voltandosi verso la montagna, vide come molti compaesani una cosa sconcertante: un pacco roccioso al di sopra della cava era slittato all'improvviso di un centinaio di metri, senza però raggiungere alcuna abitazione. Un quarto d'ora dopo il fenomeno si ripeté ma stavolta la massa coinvolse quattro o cinque case. Qualcosa di tremendo stava per accadere.

Temendo un crollo catastrofico, d'istinto Fridolin s'incamminò velocemente in direzione opposta alla cava. Lungo la strada salutò delle donne; anche se preoccupate per gli eventi, andavano nella direzione della massa pericolante. D'improvviso un'enorme massa di dieci milioni di metri cubi crollò in uno spaventoso fragore. Il ragazzo cominciò a correre al limite delle sue forze e voltandosi verso la montagna maledetta vide un fiume di roccia corrergli dietro ad altissima velocità. Ormai l'aveva quasi raggiunto quando, seguendo ancora l'istinto, si gettò a lato. Un solo salto lo salvò dalla fiumana di roccia: la frana proseguì il suo corso, ma il ragazzo era illeso. Prima di fermarsi a circa due chilometri dal punto d'inizio, il materiale roccioso devastò molte proprietà e uccise 115 persone. La forza della roccia in movimento fu tale da spostare molte case di decine di metri. Poco lontano un'altra stranezza. Un ottuogenario venne coperto quasi per intero da un vortice di piccole pietre, ma rimase illeso. Le donne che Fridolin aveva incontrato sul cammino non furono mai più ritrovate.

L'incompetenza aveva giocato un ruolo cruciale a Elm sia nella gestione della cava sia nello studio sommario della stabilità. Per capire cosa fosse successo fu chiamato un giovane studioso di nome Albert Heim. Secondo Heim la caduta della frana avvenne in tre atti[1]. Atto

---

[1] Hsu 1978; 1991. La maggior parte delle informazioni qui riportate sono tratte da queste fonti.

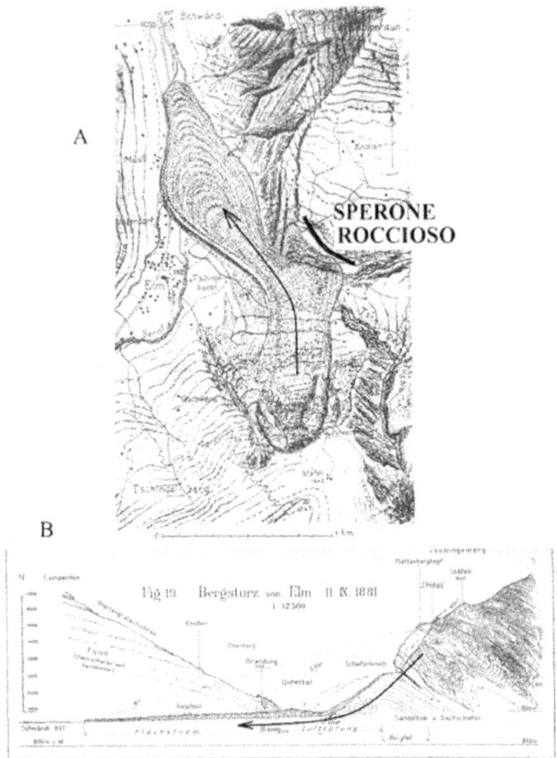

Fig. 3.2 Il deposito della frana di Elm come dal lavoro originale di Albert Heim (1932). A: vista dall'alto. Il movimento è avvenuto dalla parte inferiore verso quella superiore della figura, come indicato dalla freccia. La frana si è divisa in due. La parte a destra ha urtato contro uno sperone roccioso, risalendo un poco in contropendenza prima di fermarsi. La parte a sinistra, invece, ha proseguito per lunga distanza su un tratto pianeggiante. Da notare le strutture arcuate nel deposito dinale della frana, come se il materiale roccioso fosse liquido. B: sezione della frana. Il deposito finale appare puntinato nella figura

primo: la caduta della parete rocciosa contro la base della cava di ardesia. Atto secondo: il salto causato dall'impatto contro la base, e infine un terzo atto: la propagazione orizzontale del fiume di roccia lungo la valle. In questa terza fase, una piccola parte della frana risalì per un centinaio di metri, mentre il grosso del materiale roccioso fu deflesso di 60 gradi verso la valle del Serfn (visibile come la lingua a sinistra in Fig. 3.2).

I versi di Dante e le impronte di dinosauro

La causa della frana di Elm fu dunque umana. Ma enormi depositi di frana vecchi di decine di migliaia di anni dimostrano che le frane sono sempre cadute nel passato recente della Terra e per queste l'uomo non può essere biasimato. Perché allora cadono le frane? Quali le cause di instabilità dei versanti montuosi?

Il primo suggerimento proviene da Dante Alighieri (1265-1321). Nel XII canto dell'Inferno scrive:

> Qual è quella ruina che nel fianco
> Di qua da Trento l'Adice percosse
> O per tremuoto o per sostegno manco,
> Ché da cima del monte onde si mosse
> Al piano è si la roccia discoscesa
> Ch'alcuna via darebbe a chi su fosse.

È un riferimento alla frana dei Lavini di Marco presso Rovereto (Trento), mostrata in Fig. 3.3. In alto si vede la cicatrice complessa

Fig. 3.3 Parte dell'area dei Lavini di Marco (Rovereto, Trento), teatro delle frane cui si riferisce Dante nel XII canto dell'Inferno. Si noti la complessa cicatrice nella parte alta e i macigni in valle, parte dei depositi di frana

della frana, liscia e chiaramente erosa; a valle i depositi di roccia calcarea in grossi blocchi e massi. Sappiamo che la morfologia risulta dalla sovrapposizione di almeno due frane, cadute probabilmente cinquecento anni prima di Dante. Secondo il poeta le frane sono dunque provocate da un terremoto o dalla mancanza di sostegno alla base.

Abbiamo visto infatti come la mancanza di sostegno fu all'origine della frana di Elm. A volte il materiale alla base viene rimosso non dall'uomo, ma da cause naturali. Fiumi e ghiacciai sono molto efficienti nell'eliminare il materiale alla base di un pacco roccioso, sia pure lentamente. Nello schema di Fig. 3.4, l'intaglio è causato da un fiume di montagna che serpeggiando a fianco di un pacco di strati ne ha asportato la base.

Contrariamente alla frana di Elm, quella dei Lavini non fu provocata dall'uomo, anche perché la roccia è un calcare privo di interesse commerciale. Né fu un intaglio naturale.

Dante menziona anche il terremoto. Oggi sappiamo che moltissime frane, soprattutto di roccia, sono provocate da sismi (vedi §2.1.10) e sembra probabile che anche la frana dei Lavini di Marco abbia avuto questa origine. Qualunque sia stata la causa, in questo caso la frana ha messo alla luce qualcosa di assai interessante.

Nella primavera del 1988, Luciano Chemini è in escursione lungo la cicatrice della frana. Superati i blocchi e i pendii brulli dei Lavini, nota una serie di buche mai notate prima sulle rocce risalenti al Giurassico inferiore, cioè a circa 200 milioni di anni fa. Non casuali, ma

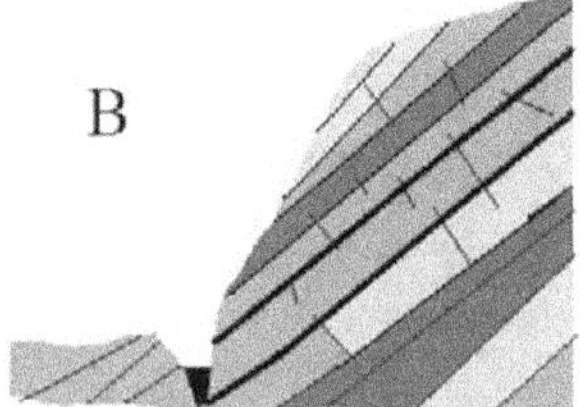

Fig. 3.4 Non sono solo le cattive tecniche minatorie a rendere i versanti instabili. L'instabilità di pacchi rocciosi può essere causata da erosione fluviale (A-B). Le strisce nere in B rappresentano possibili strati deboli lungo i quali una frana è molto probabile

allineate in maniera regolare, quasi a suggerire qualcosa di incredibile.

Chemini è un geometra con la passione della geologia. Molte importanti scoperte paleontologiche sono opera di dilettanti. Lo stesso Gideon Mantell, l'inglese che nel XIX secolo scoprì i dinosauri, era medico. Un motivo è che i paleontologi professionisti dedicano le proprie energie su siti già noti che danno la sicurezza di produrre qualche scoperta. Ma spesso un dilettante è anche aperto mentalmente. Per il dispiacere di bambini e paleontologi, sembrava infatti che i dinosauri avessero evitato l'Italia per tutto il Mesozoico, l'era dei grandi rettili. La penisola, si pensava, era completamente sommersa e non poteva ospitare i dinosauri, animali di terraferma. Nessuno cercava quindi i dinosauri in Italia, e questo sembrava un buon motivo per non trovarli[2].

I paleontologi del Museo Tridentino di Scienze Naturali a Trento, esperti di paleoicnologia[3], confermano trattarsi di impronte di dinosauri. Non poche unità, ma centinaia. Impronte di sauropodomorfi (progenitori dei Diplodocus, Apatosaurus o Brachiosaurus che sarebbero apparsi qualche decina di milioni di anni dopo) e di altri dinosauri erbivori bipedi. E dove ci sono gli erbivori incombono sempre i carnivori. Molte impronte appartengono a teropodi progenitori dell'Allosauro. Troppo numerose queste tracce per essere sporadiche. Gli erbivori si muovevano lungo direzioni fisse, forse lungo la riva di un mare soggetto ai cambiamenti locali della linea di costa dovuti alle maree, che seppelliva le impronte lasciate poche ora prima con materiale di copertura. Se le impronte erano seccate e indurite, questo poteva portare a una loro conservazione.

Le lastre di calcari zeppe di impronte sono proprio la superficie di distacco della frana dei Lavini di Marco (o almeno una parte di essa), senza la quale le impronte sarebbero rimaste sepolte per chissà quanti secoli o forse non sarebbero mai venute alla luce.

---

[2] Vennero in seguito anni rivoluzionari per lo studio dei dinosauri italiani, culminati con la scoperta del famosissimo Scipionyx samniticus detto "Ciro", un cucciolo di dinosauro carnivoro proveniente dal cretaceo di Pietraroia, nell'Appennino meridionale.

[3] La paleoicnologia è lo studio delle impronte fossili.

Fig. 3.5 Una delle piste di dinosauri dei Lavini di Marco. Si tratta di orme di animali erbivori e bipedi. Si sono trovate anche numerose tracce di carnivori e di sauropodi

Frane, laghi e antichi climi

Nel caso dei Lavini la connessione tra frana e impronte di dinosauro è qualcosa di eccezionale. È poco probabile che altre cicatrici di frana rivelino un patrimonio paleontologico di interesse comparabile. Ma le frane hanno altre conseguenze creatrici. Interrompendo il naturale drenaggio, molte frane possono formare laghi alpini, come i laghi di Alleghe e di Tovel in Trentino. I laghi effimeri causati dalle frane sono molto temuti perché il materiale sciolto può cedere in qualunque momento, provocando un'improvvisa inondazione.

Talvolta però i laghi durano per lunghi periodi come a Pianico, in Lombardia. Durante il periodo interglaciale Riss-Wurm, una frana del locale monte Clemo sbarrò il corso del fiume Borlezza. Si formò un lago, oasi improvvisa di acqua e cibo per le specie animali e vegetali. La vita fiorì per cinquantamila anni. Cervi e rinoceronti si abbeveravano alle sponde in mezzo a boschi di querce e cespugli di bosso. Seguendo il clima, il paesaggio cambiava rapidamente e per lunghi periodi prevalsero le conifere, segno di clima più freddo.

Possiamo ricostruire tutto questo basandoci sull'esame delle cosiddette varve. La deposizione di sedimenti in un piccolo lago è spesso tranquilla in quanto mancano le forti correnti dei fiumi, né vi sono le onde come lungo le rive dei mari. Se la sedimentazione è continua nel tempo e non vi sono differenze stagionali, i sedimenti lacustri appaiono come una massa uniforme. Ma se il lago congela durante l'inverno, si verifica un effetto molto particolare. Il ghiaccio si forma solo in superficie e trattiene molto sedimento, tanto che solo i granuli più piccoli delle dimensioni dell'argilla hanno la capacità di depositarsi. Durante l'estate, i sedimenti che cadono sul fondo del lago comprendono sia grossi grani di sabbia, sia cristalli molto più piccoli come le argille. Siccome le argille appaiono scure mentre i granuli estivi poco assortiti formano uno strato bianco, lo strato invernale risalta come una sottilissima pellicola nera. Un intaglio verticale dei sedimenti mostra quindi straterelli alternati chiari e scuri, corrispondenti alla deposizione estiva alternata con quella invernale. Contare le linee scure orizzontali con una lente di ingrandimento equivale perciò a datare i sedimenti con estrema precisione. È come sfogliare le pagine di un antico libro ricchissimo di informazioni. Le varve si depositano anche in laghi non necessariamente formati dalle frane. Si tornerà sulle informazioni climatologiche che simili analisi possono fornire ($\rightarrow$ vol. 2).

Massi che esplodono

Abbiamo visto nell'esempio del Nevados Huascaran (vedi §2.1) che enormi blocchi rocciosi in caduta da grandi altezze possono letteralmente esplodere durante l'urto col terreno, producendo una miriade di frammenti piccolissimi.

Sono quasi le sette di sera del 10 luglio 1996 nel parco nazionale di Yosemite, in California. Il grosso dei turisti è rientrato dai sentieri che portano ai panorami mozzafiato di cascate e valli sospese (Fig. 3.6). Qui l'escavazione della valle da parte dei ghiacciai è stata fortissima e ha creato ripide gole in roccia. Improvvisamente un primo blocco di ventimila metri cubi scivola lungo una parete inclinata a circa cinquanta gradi. La parete funge da rampa di lancio per un ulteriore caduta balistica di cinquecento metri. Il blocco raggiunge velocità superiori ai cento metri al secondo, cioè oltre trecentosessanta chilometri all'ora. L'urto contro il terreno duro è violentissimo; il masso esplode e si disintegra in polveri finissime, producendo un vento di oltre centodieci metri al secondo. Un escursionista muore e altre persone vengono ferite. Un secondo blocco di pari volume distrugge un ponte e un bar. La roccia disintegrata forma una sospensione polverosa e una fitta nebbia raggiunge grandi distanze lasciando dietro di sé una sinistra coltre biancastra. Sembra neve, ma è roccia. In valle si fa buio e ci vuole almeno un'ora prima che la polvere si diradi. L'esame della zona dopo il crollo mostra effetti sorprendenti. Almeno un migliaio di alberi sono stati abbattuti dall'esplosione (Fig. 3.6). I tronchi appaiono erosi, come piallati da quelle particolari pistole abrasive a sabbia usate per eliminare la vernice vecchia dal legno. È l'effetto dei minuti frammenti di roccia sparati ad alta velocità. Pensiamo al potenziale effetto di una pioggia abrasiva su una persona.

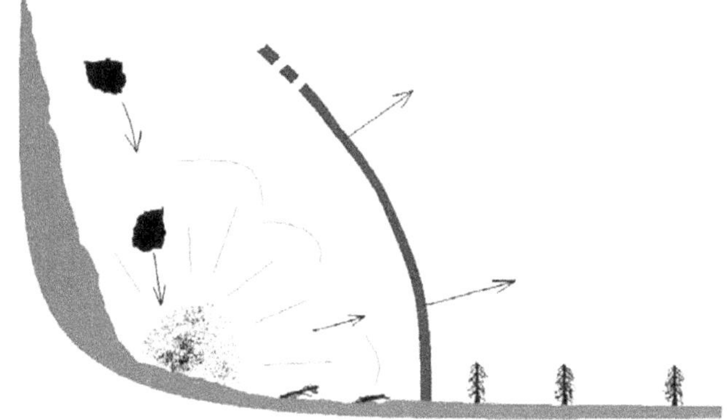

Fig. 3.6 Sopra: le cascate a Yosemite. Sotto: la caduta di un grosso blocco roccioso da grandissima altezza crea una vera e propria esplosione. Gli alberi vengono abbattuti e defoliati dalla pioggia di frammenti rocciosi abrasivi lanciati ad alta velocità. Molti fusti si presentano completamente erosi

Anche in Italia sono noti casi di questo tipo. Il 22 agosto del 2006 un enorme blocco scivolò dal Paretone del Gran Sasso piombando al suolo dopo un volo in caduta libera di oltre un chilometro. L'esplosione produsse un'onda d'urto e una nube di polvere con grani di dimensioni ridottissime: solo qualche centesimo di millimetro. Alcune foto pubblicate sui giornali mostrano una strana nube farinosa incombere sull'autostrada.

Diavoli e punizioni divine

Dante identifica quindi due delle cause che provocano frane. È notevole in un periodo in cui le catastrofi venivano viste come innaturali o diaboliche. Non è il primo letterato a intuire le cause dei fenomeni naturali dietro il mare di tradizioni popolari, spiegazioni divine, aneddotica che per secoli hanno oscurato il pensiero razionale. Più di mille anni prima anche il poeta Ovidio (43 a.C.-17 d.C.) nelle sue *Metamorfosi* descrive alcune questioni di filosofia naturale con più scientificità di Plinio il Vecchio (23-79 d.C.), ancora legato ai miti dell'epoca.

Vent'anni prima della nascita dell'Alighieri, una catastrofe colpisce l'alta Savoia. È il novembre 1248 quando un settore del Mont Granier di volume pari alla frana del Vaiont crolla, facendo migliaia di morti. Salimbene di Parma (detto anche Salimbene di Adam), un frate francescano vissuto tra il 1221 e il 1290, era seguace della dottrina di Gioacchino da Fiore, un monaco celebre per la sua visione escatologica del mondo. Da buon discepolo, Salimbene si interessava delle catastrofi naturali nelle quali vedeva compiersi le profezie delle sacre scritture. *Si è compiuto quello che sta scritto nel libro di Giobbe* commentò dopo la tragedia. Salimbene si recò di persona alle pendici del Mont Granier un anno dopo il crollo e così descrisse il teatro dell'evento:

> Tra Grenoble e Chambery si trova una pianura chiamata Valle di Savoia. La pianura è sovrastata da una montagna molto alta che una notte crollò riempiendo tutta la valle. Le sette parrocchie che si trovavano là sono state tutte sepolte[4].

Salimbene di Parma non fu l'unico a vedere nella tragedia la punizione divina, spesso invocata nel Mediovo per spiegare le calamità. Gli fece eco un benedettino inglese, Mathieu Paris. Dopo aver ammesso la causa forse naturale dell'evento, egli non resistette alla tentazione di vederne anche la carica giustizialista di Dio. Colpa dei montanari incolti, dediti all'uccisione dei viandanti. Cosa falsa, dal momento che uno dei proventi della gente di montagna, e non solo in Savoia, era scortare i viandanti e assicurarne l'incolumità. Più probabile, secondo Berlioz, che la collera divina fosse dovuta al matrimonio tra il re d'Inghilterra e una principessa savoiarda, i cui

---

[4] Si veda la vicenda su Berlioz (2002).

concittadini avrebbero dilapidato parte delle casse inglesi. Non conosciamo le cause del collasso di Mont Granier, ma essendo bucato da una fitta rete di gallerie carsiche è probabile una mancanza improvvisa di sostegno.

Per tutto il Medioevo, il Rinascimento e l'inizio dell'Età Moderna, si invoca il divino per spiegare le frane catastrofiche. Calvino spiega senza mezzi termini le catastrofi come dovute alla volontà di Dio, senza la quale nulla può accadere. È Dio l'unico che può tenere a bada il diavolo e decidere se una singola persona si salva o perisce. A maggior ragione una catastrofe che miete migliaia di vittime è spiegabile solo con l'intervento del Creatore. Anche i teologi cattolici durante il periodo della Riforma vedono le frane e più in generale le catastrofi come una punizione divina, inspiegabile e soprannaturale.

Morte nei Grigioni e splendore a Praga

L'antico abitato di Piuro in Val Chiavenna (Sondrio) sorgeva su un territorio pianeggiante ma circondato dalle alte montagne che giungono fino al passo dello Spluga. Verso l'inizio del XVII secolo il territorio faceva parte dei Grigioni ed era abitato da molti italiani. Piuro contava solo duemila abitanti, ma era una cittadina rigogliosa e orgogliosa. Larghe strade univano il centro alle principali vie commerciali. Chiese, fontane, fabbriche e palazzi costellavano la cittadina facendone una piccola gemma. Molta della ricchezza derivava dalla sapiente lavorazione della pietra Ollare[5] usata soprattutto per pentole in pietra e fornaci[6]. Le richieste di manufatti provenivano anche dall'estero. Solo qualche esondazione del fiume Mera preoccupava ogni tanto la felice cittadina. Su Piuro incombeva però un'antica leggenda che veniva raccontata ai bambini. Era quella di un minatore sepolto da una frana e ritrovato in vita dopo un anno. Inverosimile, ma utile a ricordare che il pericolo di frane è sempre presente là dove si scava la pietra, cariando i fianchi della montagna.

---

[5] Una roccia metamorfica ultrabasica verde. Ricca di talco, è nota ai petrografi con il nome di talcoscisto.
[6] La lavorazione della pietra Ollare è sviluppata anche oggi.

Il 4 settembre 1618 il console di Piuro, tale Francesco Forno, esce dai confini della cittadina per andare a prendere del vino. Improvvisamente una larga fetta del monte Conto crolla inghiottendo l'intera cittadina e i suoi abitanti (Fig. 3.7). La polvere del materiale di frana percorre parecchi chilometri, raggiunge e oltrepassa Chiavenna.

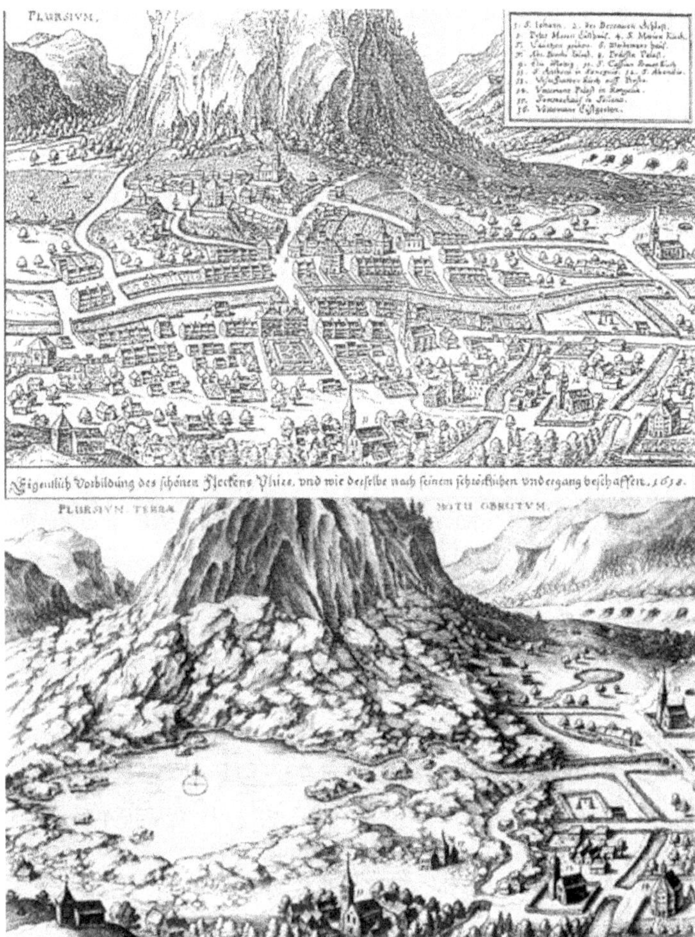

Fig. 3.7 La cittadina di Piuro prima (figura sopra) e dopo (sotto) la frana del 4 settembre 1618. Stampa dell'epoca

Forno è l'unico testimone, ma non il solo a salvarsi. Molti abitanti sono assenti dal paese per lavori estivi o per i commerci.

La tragedia di Piuro fece grandissima impressione nell'Europa del Seicento. Pare che molti dei sopravvissuti decisero di emigrare a Praga dove contribuirono alla costruzione di palazzi fastosi, facendo di Praga una delle capitali del Barocco[7]. Oggi il territorio è oggetto di scavi allo scopo di riportare alla luce una fotografia della civiltà alpina di quel tempo.

Molti diversi tipi di frane

Le valanghe di roccia come quella caduta a Piuro sono relativamente comuni nelle zone montuose. Possono avere volumi variabili da migliaia di metri cubi fino a decine di chilometri cubi. Si formano sempre dal collasso di una grande parete rocciosa integra, che acquista rapidamente velocità nel campo gravitazionale. In cento metri di caduta libera un blocco roccioso accelera fino a 160 chilometri all'ora; in un chilometro a oltre 500 chilometri all'ora. A queste velocità la roccia si disintegra completamente fino a polverizzarsi, ma conservando nella sua matrice anche grossi blocchi. I depositi delle valanghe di roccia appaiono quindi come macigni immersi in una matrice fine, polverosa.

La Fig. 3.8 mostra altri depositi di queste frane rapidissime. La prima è una valanga di roccia in Iran. La seconda è una frana molto nota dell'America del Nord, la frana di Frank in Alberta (Canada). Si sviluppò nel 1902 lungo un piano di scorrimento piuttosto ripido nel fianco sud della Turtle Mountain, ben visibile in figura, coinvolgendo un'intera città di minatori. Le baracche furono spazzate via e 70 persone rimasero uccise.

Vi è una grande varietà di frane a seconda del tipo di materiale, della forma geometrica della zona di distacco, della presenza o meno di acqua, del volume. Alcune frane si formano in roccia compatta, altre in materiali poco consolidati. A volte una frana rimane rigida e

---

[7] Kozak e Rybar (2003).

Fig. 3.8 Altri esempi di valanghe di roccia. Sopra: frana nei Monti Elbortz, Iran setten-
trionale. La frana ha viaggiato lungo la direzione indicata dalla freccia. Sotto: la frana di
Frank in Alberta (Canada). Quest'ultima figura riprodotta secondo le norme del Copyright
Act of Canada

cade come un blocco senza frammentarsi; altre volte, come nel caso delle valanghe di roccia, si disintegra in materiali finissimi.

Le tavole 8 e 9 mostrano una piccola selezione di alcune pareti naturali soggette a franamenti. Le "Bianche scogliere di Dover" sono formate da "chalk", un calcare compatto e molto poroso formato dagli scheletri di organismi microscopici morti e depositatisi tra la fine del Cretaceo e l'inizio del Terziario. Lo stesso tipo di scogliera si ritrova in molte altre zone dell'Europa del nord: Danimarca, Francia, Irlanda e Germania. La parete di Møns Klint in Danimarca riportata alla tavola 8 si erge di parecchie decine di metri a strapiombo sulla battigia. Battuta dal mare, sottoposta a cicli gelo-disgelo, la parete verticale viene indebolita giorno dopo giorno, anno dopo anno. Fino a quando può crollare improvvisamente, di solito tra novembre e maggio, quando il mare si fa più minaccioso. I crolli, riportati su antichi registri parrocchiali, non lasciano scampo alle persone sulla battigia e formano dei curiosi moli naturali lunghi decine o centinaia di metri.

La tavola 9 mostra due esempi di un tipo di frana detta di *ribaltamento*. Nel primo caso, proveniente dalla regione del Telemark nel sud della Norvegia, enormi blocchi di roccia cristallina crollano periodicamente a causa di una base debole e della leggera inclinazione del versante. Si pensi a una serie di libri in una biblioteca, in cui però gli scaffali siano un poco inclinati. I libri, dal primo all'ultimo, cadono in successione, facendo perno alla base. Come mostra la figura, all'impatto col suolo i blocchi si disintegrano in massi più piccoli. Il secondo caso della tavola 9 mostra alcuni strati di rocce sedimentarie in cui il livello superiore ha resistito all'erosione molto di più di quello inferiore. Indebolito alla base, lo strato superiore è crollato.

L'Italia mostra un enorme campionario di frane: crolli, valanghe di roccia, massi in caduta libera, flussi detritici. Ovunque vi siano colline o montagne il nostro territorio sviluppa instabilità di versante. La tavola 10 mostra l'indice di instabilità da frana espressa come percentuale di territorio soggetto a instabilità. Per esempio, un livello di 15 indica che il 15% in quel territorio è franoso. Come si vede, le frane seguono soprattutto le nostre due grandi catene montuose, le Alpi e gli Appennini dove vengono spessi raggiunti livelli superiori al 10%. L'inserto sulla destra mostra più chiaramente come le frane seguano direttamente l'altitudine. Segno che basta poco per provocare delle frane: l'esistenza di un pendio è in effetti più che sufficiente, soprattutto in un territorio sismico come il nostro!

Ma torniamo alle frane catastrofiche. Tantissimo tempo è passato dalla tragedia di Piuro. Uno dei peggiori disastri da frana è invece assai più recente e ancora vivo nei ricordi della comunità colpita: il Vaiont.

Il Vaiont

Tra il 1953 e il 1963, l'Italia conobbe uno dei boom economici più esplosivi al mondo. Per alimentare il fuoco della produttività occorreva energia. Molte valli alpine vennero sbarrate con enormi dighe per ricavare potenza idroelettrica. Ma le dighe comportano rischi, come dimostrò in maniera tragica la frana del Monte Toc nel Bellunese (tavola 11). Si è parlato di catastrofe annunciata, anche se l'enorme salto oltre la diga dell'onda assassina non fu previsto. Molti i fattori in gioco nella storia. Fattori umani, come la necessità di energia che spingeva verso il rischio. E fattori naturali, come la complessa storia geologica della valle del Vaiont. Ma soprattutto, alla base del disastro fu il non aver saputo comprendere il potenziale distruttivo di una frana ad alta velocità in caduta nell' invaso artificiale. Come scrive Kenneth Hsü[8]:

> Prendete la catastrofe del Vaiont, per esempio, acqua che oltrepassando una diga ha ucciso oltre 2.000 persone[9]. I geologi e gli ingegneri sapevano dell'instabilità e avevano monitorato i fianchi della montagna per anni. Basandosi sul ragionamento induttivo che la caduta dovrebbe avvenire quando il movimento lento tende ad accelerare, gli scienziati stavano prevedendo l'immediato distacco della grossa massa franosa. Perfino il volume della massa fu stimato. Nes-

---

[8] Hsü (2004), p. 203, traduzione dall'inglese.
[9] Hsü (2004) cita in realtà un numero maggiore di vittime. Qui ci atteniamo alle stime ufficiali, anche se secondo alcuni autori i morti furono ben superiori a duemila.

suno fece tuttavia la seguente estrapolazione: cosa succede se la massa cade nel bacino. La deduzione è semplice: la frana si muoverà istantaneamente sotto l'effetto della gravità, spostando l'acqua del lago. L'acqua passerà oltre la diga.

Fig. 3.9 Nelle prime ore dopo la catastrofe si pensò a un crollo della diga. Invece la massa calcarea non investì direttamente la diga ma solo il bacino artificiale e la diga resistette

È stato scritto moltissimo sul Vaiont. Si è detto che nella memoria collettiva gli abitanti conoscevano i pericoli delle frane. Gli stessi toponimi lo proverebbero: come "Toc", il nome del monte franato che nel dialetto friulano significa "marcio", e "Vaiont" oppure "Vajont", "va giù". Secondo Edoardo Semenza, principale esperto della frana e figlio del costruttore della diga, Vaiont vuol dire semplicemente "vallone"[10]. Secondo altri, "Vaiont" si riferisce alla ripidità della valle, e non a movimenti rocciosi.

Vi sono almeno tre storie del Vaiont. La prima è quella, brevissima, della tragedia. Crollando nel bacino artificiale, la frana sollevò una colonna d'acqua che dopo aver inghiottito molte case intorno al bacino artificiale saltò di oltre duecento metri sopra la massima altezza della diga. L'acqua precipitò lungo la forra del Vaiont distruggendo molti paesi e mietendo duemila vittime. La seconda storia è tecnica e comprende il periodo di costruzione della diga e dei primi anni di messa in opera. Impegnò anche un gruppo di ricerca intento a simulare le frane in un bacino in scala. Durata qualche anno, questa storia gira intorno alle diverse opinioni dei geologi e dei tecnici, con la percezione sempre più forte del pericolo.

A monte di tutto incombe una terza storia, durata ottanta milioni di anni: è la storia geologica del bacino del Vaiont. Quanto accadde in quei periodi remoti giocò un ruolo determinante nei due minuti della tragedia.

Come fece l'onda a saltare così in alto? Perché non si intuì in pieno il pericolo? E per quale motivo nonostante i numerosi invasi artificiali presenti nelle Alpi fu proprio la frana del Vaiont a crollare? Nelle prossime pagine (e anche nel secondo volume) cercheremo di rispondere a queste e altre domande.

Le frane possono essere rapide

Mattina del 22 marzo 1959. Arcangelo Tiziani sta percorrendo in bicicletta la strada che costeggia la diga a gravità di Pontesei, non lon-

---

[10] Semenza (2005).

tano dalla valle del Vaiont. D'improvviso una frana di tre milioni di metri cubi si stacca dalle pareti intorno al bacino d'acqua artificiale e piomba rapida nell'acqua. Onde alte fino a venti metri si sollevano nel punto d'impatto, propagandosi verso il periplo del lago artificiale. Fanno presto a raggiungere la riva, dove si trova l'uomo. Non ha il tempo di fuggire: le onde lo investono in pieno, uccidendolo. Fu considerata una fatalità perché le frane cadono con o senza l'aiuto umano. Ma forse la relazione tra l'alta velocità della frana e le onde generate non fu apprezzata in pieno. La morte del custode della diga di Pontesei avrebbe potuto salvare duemila persone.

Nel suo studio sulla frana di Elm, Albert Heim aveva introdotto una tecnica nuova nello studio della frane. A quei tempi la fisica aveva poco a spartire con la geologia. Pochi erano gli studi in cui la Terra era vista come un sistema fisico e studiata con equazioni e calcoli come si farebbe con una macchina termica o un sistema ottico. Qualche fisico, anche prima di Heim, si era interessato di scienze della Terra. Per esempio, Lord Kelvin aveva cercato di calcolare l'età della Terra. Ma Kelvin si era interessato dell'intera Terra, non a piccoli sistemi come frane o valanghe. La meteorologia, la sismologia e la glaciologia erano all'epoca già scienze sviluppate, ma forse ancora poco utili ai geologi e viste come una branca della fisica e portate avanti da fisici. Heim chiamò a collaborare il suo amico fisico Muller-Bernet, con lo scopo di calcolare la velocità della frana in funzione del tempo. Come in un'indagine poliziesca, si ricostruì il tempo di caduta della frana di Elm basandosi sulle testimonianze, risalendo così alla velocità media.

Il calcolo teorico della velocità della frana di Elm è in realtà molto semplice. Se facciamo scivolare un libro lungo un tavolo inclinato, vediamo che il libro accelera fino a quando non incontra un piano orizzontale. Comincia allora a decelerare fino a fermarsi. Da un semplice teorema di fisica si deduce il coefficiente di attrito semplicemente dividendo l'altezza di caduta del libro per la distanza raggiunta orizzontalmente. Nel caso di Elm, la distanza raggiunta dal fronte della frana è ben nota e anche l'altezza di caduta della frana e la pendenza in tutti i punti del percorso sono conosciute. Da qui è possibile

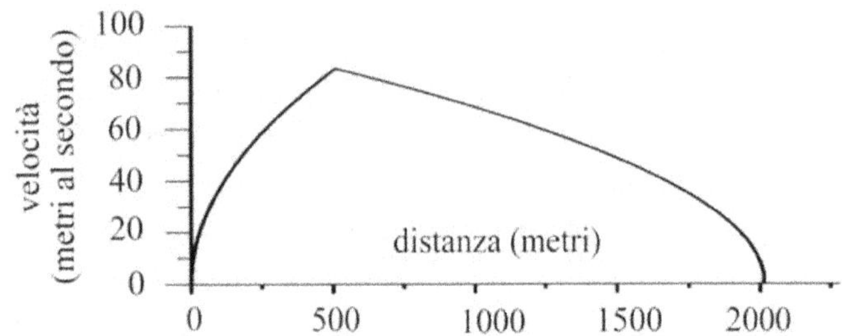

Fig. 3.10 Velocità calcolata per Elm a partire da una semplice analisi matematica. I calcoli furono riportati per la prima volta da Heim (1932), ripresi da Hsu (1985)

calcolare il coefficiente di attrito e quindi la velocità in funzione del tempo.

La Fig. 3.10 mostra i risultati del calcolo. La frana di Elm partì con un'accelerazione molto elevata, raggiungendo una velocità di picco di oltre ottanta metri al secondo (trecento chilometri all'ora) dopo circa mezzo chilometro di percorso. In seguito decelerò in corrispondenza della rottura di pendio. La diminuzione improvvisa della velocità impressionò molto i testimoni, ma come si vede dalla figura è spiegabile con questa semplice analisi matematica. Infatti il grafico mostra che in soli duecento metri la velocità diminuì da quella di un treno in corsa (100 chilometri all'ora) a zero. Il tempo totale di durata della frana calcolato col modello torna bene con le testimonianze dei superstiti. Questi studi (che precedono di molto, ripetiamolo, la frana del Vaiont) mostrarono in modo evidente le enormi velocità raggiunte dalle frane di roccia.

Come mai la velocità elevata raggiunta dalla frana del Vaiont non fu prevista? Perché si credette la frana lenta e non rapida come quella di Elm? Un primo motivo sembra risalire a un'opinione preliminare del prof. Giorgio Dal Piaz. Dal Piaz, professore a Padova, era un anziano studioso di chiara fama, incaricato delle indagini geologiche sulla sicurezza del sito. Incaricato di esaminare sommariamente la geologia della zona, non vide nulla di preoccupante e consigliò di procedere coi lavori. Dal Piaz aveva scritto lavori di geologia regionale e paleontologia, ma non era specialista di frane. Il lento movimento della frana del Toc venne paragonato al lento fluire di un ghiacciaio, un'immagine che forse influenzò le ricerche successive.

Inoltre non tutte le frane sono rapide come quella di Elm; alcune hanno sviluppo lentissimo. Nel 1213, un trentenne san Francesco d'Assisi ricevette in dono una rupe rocciosa situata a Chiusi della Verna, nel Casentino. Qui istituì un santuario, oggi dedicato al culto francescano e sito di interesse naturalistico e artistico. Francesco soleva pregare sotto il Sasso Spicco, una particolare formazione rocciosa che dà l'impressione di essere sollevata nel nulla (Fig. 3.11 A). Poiché l'intero massiccio roccioso poggia su letti argillosi poco stabili, la rupe monasteriale si sta aprendo lateralmente formando pareti naturali instabili (Fig. 3.11 B). È un po' come cercar di stare in piedi su un letto fangoso: i piedi, spinti lateralmente, tendono a divaricarsi. Le tensioni che ne derivano coinvolgono anche le mura del monastero (Fig. 3.11 C), e minacciano opere artistiche (Fig. 3.11 D). Vi sono molti altri esempi di frane lente. La Fig. 3.11 E mostra schematicamente la situazione dei cosiddetti espandimenti laterali, una classe di frane lente di cui La Verna è un esempio.

La prima storia del Vaiont: la catastrofe

Torniamo agli eventi tragici del Vaiont.

Verso la fine di settembre 1963, i tecnici della diga notano che il fianco settentrionale del Monte Toc sta scivolando verso il bacino artificiale alla velocità allarmante di quattro centimetri all'ora. Il movimento del versante era stato sotto osservazione per qualche anno, ma solo ora si registrano spostamenti così elevati. Boati provengono dalla zona in movimento e perfino gli animali sembrano impazziti. La massa in moto è enorme e copre l'intero costone sud del Monte Toc per un volume dieci volte maggiore di quello dell'acqua nell'invaso. Si teme che scivolando nel bacino, sposti gran parte dell'acqua interrompendo il corso del fiume. È una situazione pericolosa perché i laghi creati da una frana hanno caratteristiche ed evoluzione rapide e imprevedibili. Inoltre il bacino colmato di detriti risulterebbe inservibile; vuol dire gettar via anni di lavoro. Si pensa per lo più in ter-

Fig. 3.11 Esempio di frana a sviluppo lento: la frana di La Verna nell'Appennino. A: il sasso Spicco, dove San Francesco soleva pregare. B: la lenta apertura delle pareti è evidente in questa immagine. C: le mura seguono l'apertura del suolo e formano delle crepe. D: Crocifissione di Andrea della Robbia, terracotta vetrificata (1481). E: schema di un espandimento laterale

mini di una frana lenta come quella di La Verna, oppure al massimo di un movimento di qualche centimetro all'ora. Nel peggiore dei casi una frana più rapida potrebbe forse minacciare Casso, posta di fronte alla frana, e Erto, situata più a monte. I paesi a valle vengono invece ritenuti al sicuro.

Quando il 27 settembre si decide di abbassare il livello dell'invaso, è ormai troppo tardi. Fessure appaiono continuamente sulla superficie della massa rocciosa sospetta, insieme a piccoli smottamenti. Il 7 ottobre una frana di volume stimato 200 milioni di metri cubi viene ritenuta da tutti inevitabile.

Avvertiti del pericolo dalla ditta costruttrice, l'8 ottobre il sindaco di Erto fa affiggere il seguente avviso nella frazione di Pineda:

Avviso di pericolo continuato. Si porta a conoscenza della popolazione che gli uffici tecnici della Enel-Sade segnalano l'instabilità delle falde del monte Toc e pertanto è prudente allontanarsi dalla zona che va dal Gorc, oltre Pineda e presso la diga e per tutta la estensione, tanto sotto che sopra la piana.

La gente di Casso, in modo particolare, si premuri di approfittare dei mezzi che l'Enel-Sade mette a disposizione per sgomberare ordinatamente la zona, senza frapporre indugio, con animali e cose. Boscaioli e cacciatori cerchino altre plaghe e siccome le frane del Toc potrebbero sollevare ondate paurose su tutto il lago, si avverte ancora tutta la gente e in modo particolare i pescatori che è estremamente pericoloso scendere sulle sponde del lago. Le ondate possono salire le rive per decine di metri e travolgere annegando anche il più esperto dei nuotatori. Chi non ubbidisce ai presenti consigli, mette a repentaglio la propria vita.

Enel-Sade e autorità tutte non si ritengono responsabili per eventuali incidenti che possono accadere a coloro che sconsideratamente, si avventurano oltre i limiti sopra descritti.

Alle 10.39 del 9 ottobre una massa di 230 milioni di metri cubi si stacca dal monte Toc e riempie il bacino quasi per intero. Ma non è una frana lenta: si muove invece con estrema rapidità a oltre 90 chilometri all'ora. Nell'impatto con l'acqua, la massa rocciosa crea un'onda che dapprima minaccia la città di Casso, posta direttamente lungo la direzione di movimento dell'ammasso roccioso. Casso viene colpita da alcuni macigni e da spruzzi d'acqua, ma non lamenta alcun ferito: il suo costone roccioso sulla quale è arroccata, è riuscito a proteggerla. A questo punto l'onda si divide in due: una parte risale il bacino del Vaiont, distruggendo alcune abitazioni e facendo qualche vittima lungo il cammino, ma senza raggiungere il grosso centro di Erto, salvato anch'esso da una sponda naturale.

La seconda parte dell'onda supera la diga di 170-200 m, e dopo aver travolto gli operai del cantiere ancora attivo, piomba sulla valle del Piave. Gli abitanti della valle fanno in tempo a sentire il rumore della frana e il fortissimo vento causato dall'aria spinta dal fronte dell'acqua. Testimoni vedono le luci di Longarone spegnersi all'istante. Cinquanta milioni di metri cubi d'acqua cadendo da un dislivello di cinquecento metri sviluppano un'energia di 250 milioni di milioni di joule, corrispondenti all'esplosione di 4 bombe atomiche del tipo di quelle che distrussero Hiroshima. La città di Longarone e le frazioni di Vaiont, Villanova e Faè scompaiono nel giro di pochi secondi. Giunta in valle, parte della fiumana fluisce in contropendenza verso nord demolendo quanto si trova sul cammino, per poi ritornare indietro e scaricare di nuovo la forza verso il bacino a valle. Pirago, che sorge a valle dell'intersezione col bacino del Vaiont, viene rasa al suolo; il solo campanile della chiesa resta in piedi, come il fantasma di un'intera città. L'onda mista a fango è capace di portare via quasi tutto quello che ha distrutto, macerie comprese. La terra viene sollevata di qualche metro e poi ricoperta di fango.

Così ricorda Edoardo Semenza quel giorno[11]:

> Vidi poi alla mia sinistra uno spettacolo sconvolgente: l'area dove la sera prima sorgeva Longarone era in gran parte trasformata in una pietraia, brulicante di soccorritori.

---

[11] Semenza (2005).

Semenza è anche il primo a osservare la frana dopo la catastrofe. Così scriverà molti anni dopo sul suo libro:

> ... sentivo la necessità di arrivare al più presto sul posto della frana, dove forse nessuno era ancora arrivato, per capire cosa fosse successo [...]. Tutta la massa franata appariva come un blocco unico, che era risalito più di un centinaio di metri sul versante opposto.

I morti sono almeno duemila. Molti corpi non verranno mai trovati.

Perché l'acqua si sollevò di così tanto?

Scrive ancora Kenneth Hsü:

> L'acqua oltrepasserà la diga, precipiterà lungo il canyon (della valle sottostante, ndt) e annegherà la popolazione [...]. Non venne fatta una tale deduzione perché scienziati e ingegneri erano portati a non allontanarsi dalle loro strette competenze [...]. Non sembra scientifico fare speculazioni. [...] Ma deduzione non è speculazione: deduzione è scienza. Risultato: una tragedia.

In realtà durante le fasi di collaudo della diga vi fu costantemente il timore anche di frane rapide, avvalorato della caduta di smottamenti intorno al bacino del Vaiont e a quello di Pontesei. Venne anche costruito a Vittorio Veneto un fedele modello in scala del bacino del Vaiont. Sacchi di ghiaia trattenuti da corde e mossi da trattori furono usati per simulare l'impatto di una frana; l'altezza dell'onda sollevata venne misurata in diversi punti.

Il fattore di scala tra il modello e la realtà era tale che per riprodurre le velocità della frana naturale occorreva usare una velocità quattordici volte più piccola. In una ricerca coordinata dal prof. Augusto Ghetti di Padova, vennero fatte varie prove con diverse velocità. Un tempo di caduta di sessanta secondi venne ritenuto il più pessimistico. Gli esperimenti mostrarono in questo caso un'altezza dell'onda vicino alla diga di 27 metri, e di poco più alta lontano dalla diga, verso Casso

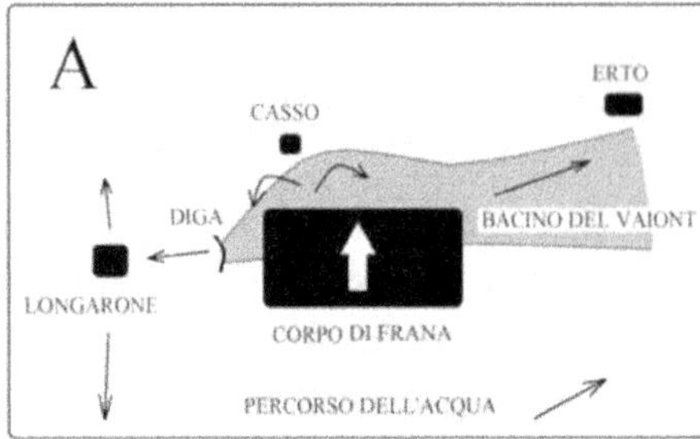

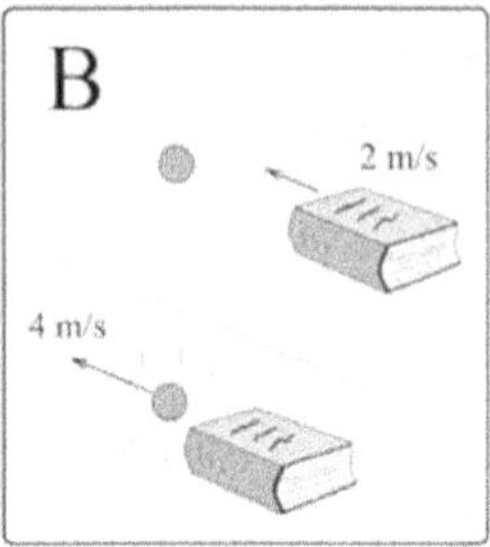

Fig. 3.12 A: Lo schema mostra la posizione dei principali paesi coinvolti; B: un libro appoggiato su un tavolo viene lanciato auna velocità di 2 metri al secondo contro una palla. Nell'urto la palla acquisisce una velocità doppia: 4 metri al secondo, mentre il libro rallenta solo di poco. Si assume che l'urto sia elastico; C: il paese di Casso. Ritenuto a rischio in caso di frana rapida, fu invece protetto dallo sperone roccioso e risparmiato dall'acqua spostata dalla frana

e Erto (Fig. 3.12A e C). La conclusione fu l'identificazione di un livello di sicurezza dell'acqua nel bacino di 700 metri. Un livello superiore avrebbe comportato dei rischi in caso di frana, ma solo per Casso e Erto, le città a lato dell'invaso artificiale; secondo i risultati sperimentali Longarone, a valle della diga, non sarebbe stata colpita nemmeno da uno spruzzo. Un livello inferiore a quota 700 fu invece ritenuto più che sicuro anche in caso di frana rapida, perfino per Casso e Erto.

Oggi sappiamo tragicamente che le velocità usate negli esperimenti erano troppo basse. La frana impiegò una ventina di secondi per collassare nel bacino del Vaiont, e non sessanta. Se le prove fossero state eseguite con velocità più realistiche, avrebbero fornito una risposta vicina all'altezza dell'onda poi osservata[12]. Ghetti consigliò comunque di continuare gli esperimenti ma la morte del progettista Carlo Semenza, il più acceso sostenitore della loro importanza, segnò la fine dell'attività sperimentale.

La fiducia nella "quota 700" fu tale che, quando ormai la frana era considerata inevitabile, si respirò un sospiro di sollievo solo quando il livello dell'invaso scese vicino alla quota di sicurezza. Il collasso avvenne infatti con l'acqua a soli quaranta centimetri sopra la quota 700. Alcuni tecnici vollero addirittura osservare il collasso dalla sommità della diga, pensando di essere al sicuro.

Vi è una questione importante che richiede piccole nozioni di fisica dell'impatto. Come abbiamo detto, la velocità della frana fu molto maggiore del previsto; raggiunse infatti velocità di oltre 90 chilometri all'ora. Anche con questa velocità sembra strano un salto dell'acqua di 170-200 metri sopra la diga. Un semplice esperimento può aiutare a capire la situazione fisica durante l'impatto della frana con l'acqua. Poniamo una palla di gomma (o una scatola di cerini) e un libro sulla superficie di un tavolo. Se si lancia un libro con una velocità di due metri al secondo contro la palla, si trova che l'impatto cede alla palla una velocità circa doppia rispetto al libro, quattro metri al secondo (Fig. 3.12B). È un risultato a prima vista sorpredente, ma facile da dimostrare in base a leggi elementari di fisica. Questo succede se la palla è perfettamente elastica e la massa del libro è molto maggiore di quella della palla.

Ecco quindi cosa accadde. Sostituiamo il libro con la massa in frana del monte Toc, e la palla con l'acqua. A queste velocità la massa d'acqua non rimase inerte come si era pensato, ma come nell'esempio della palla acquisì un impulso enorme. Muovendosi a oltre 90 chilometri all'ora, la frana spinse l'acqua a una velocità di quasi duecento chilometri all'ora. La fisica ci dice che a questa velocità un corpo può risalire il campo di gravità terrestre di oltre 120 metri. Cinquanta

---

[12] Datei (2005).

milioni di metri cubi di acqua risalirono verticalmente lungo i fianchi della valle e saltando la diga precipitarono contro Longarone. In realtà, il salto dell'acqua fu ancora maggiore, forse come conseguenza della particolare geometria della valle in prossimità di Casso.

Si potrebbe obiettare che sì, frane rapide erano già ben documentate all'epoca della catastrofe del Vaiont, ma l'accoppiata disastrosa tra la frana e un grosso bacino d'acqua era qualcosa di mai visto prima. Non è così. Come vedremo meglio nel secondo volume, eventi simili erano accaduti solo qualche anno prima, per esempio in Norvegia e in Alaska.

Com'è oggi l'area della frana? Da un punto di vista tecnico-scientifico è interessante osservare ancora oggi le cicatrici e i depositi della frana (Figg. 3.13 e 3.14). Ogni anno geologi, studenti, escursionisti esaminano la zona, visitando anche un museo a Erto dedicato alla tragedia. Da un punto di vista umano, la frana ha distrutto l'identità culturale dei paesi coinvolti producendo strascichi culturali, psicologici e ovviamente giudiziari[13]. Come ha scritto lo scultore, scrittore e alpinista Mauro Corona[14]:

> Il Vajont ha spopolato il paese, diviso le persone, creato faide, diaspore, solitudine, silenzio, abbandono. Il vero Vajont è stato il dopo.

La diga e il corpo della frana, simbolicamente così vicini, rimangono come monumenti alla pretesa dell'uomo di voler controllare la natura a ogni costo.

Fig. 3.13 Immagine panoramica della grande cicatrice della frana del Vaiont

---

[13] Si veda per esempio Temporelli (2011) per un contributo recente.
[14] Mauro Corona (2006), I fantasmi di pietra.

Fig. 3.14 Dettaglio della parte est della frana visto da Casso

La seconda storia del Vaiont: il periodo tra la costruzione della diga e la grande frana[15]

La caduta della frana fu solo l'ultimo atto di una lunga storia di studi e misurazioni cominciata con la costruzione della diga nel 1957. Il progetto dell'ingegnere Carlo Semenza fu concluso nel 1960 ma i guai cominciarono già nel marzo dello stesso anno, quando si introdusse l'acqua nell'invaso. Un famoso grafico, riprodotto con modifiche in Fig. 3.15, permette di capire cosa accadde nei tre anni che portarono al disastro. La parte superiore della figura mostra il livello del serbatoio espresso in metri sul livello del mare. Per essere operativa, l'altezza dell'acqua in una diga deve essere la più alta possibile in quanto la pressione idraulica della colonna d'acqua aumenta con l'altezza, generando quindi più energia. La parte inferiore della figura riporta le velocità misurate della massa di frana. Come si vede, questo tipo di

---

[15] La storia geologica e quella della costruzione della diga sono raccontate da Semenza (2001). Alcuni dei lavori fondamentali sono quelli di Müller (1964), Hendron e Patton (1985), Broili (1967). Si veda anche Genevois e Ghirotti (2005) per un lavoro recente.

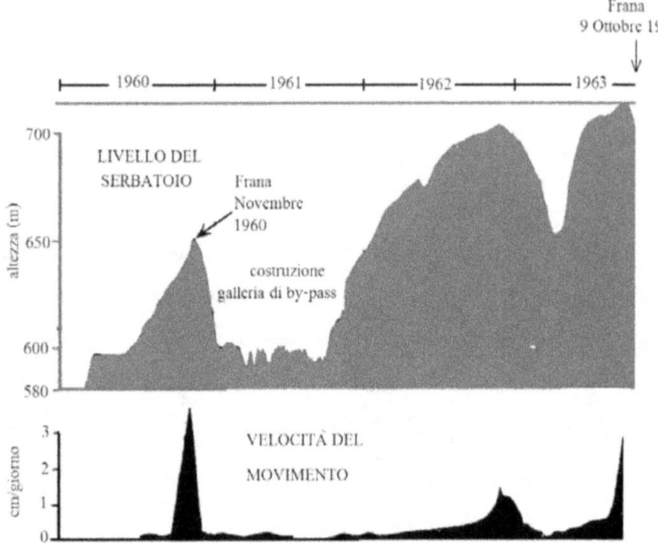

Fig. 3.15 Andamento nel tempo del livello dell'invaso e della velocità di movimento dei sensori nella parte sinistra della valle. Si nota la stretta correlazione tra il livello dell'invaso e la velocità di movimento

movimento era molto lento: si parla di centimetri al giorno e non di metri al secondo come per la frana di Elm. Chiamato anche col nome inglese di *creep*, oggi sappiamo che un lento movimento può anche preludere a un collasso catastrofico.

Il movimento lento cominciò fin dalla metà del 1960. Nel novembre 1960 vi fu un fenomeno allarmante. Una piccola frana di settecentomila metri cubi piombò nel bacino del Vaiont, mentre un sistema di fratture sulla superficie del monte Toc rivelò una potenziale superficie di scivolamento. Allo scopo di studiare i movimenti delle masse superficiali, vennero così installate alcune stazioni geodetiche sulla sponda sinistra della valle, quella del Monte Toc. È a questo punto che l'idea di una grossa frana cominciò a farsi strada, ma come si è discusso, sempre con l'idea prevalente che dovesse essere lenta.

Però anche una frana lenta avrebbe rappresentato un pericolo. Fu quindi costruita una galleria di bypass. In caso la frana avesse interrotto la valle e formato un lago, questo sarebbe stato drenato dalla galleria. Per consentire la costruzione del bypass, fu necessario mantenere l'altezza del serbatoio alla quota massima di 600 metri, come indica il grafico. Fu come un esperimento non voluto, ma estremamente significativo. Infatti quando il livello fu mantenuto basso, il movimento rivelato dalle stazioni geodetiche si ridusse a pochi mm al giorno (Fig. 3.15).

Fondamentale fu l'apporto di un geotecnico austriaco, Leopold Müller, contattato già verso la fine degli anni '50. Fu forse il primo a rendersi conto che le stime di Dal Piaz erano di gran lunga troppo ottimistiche. In un rapporto consegnato il 3 febbraio 1961, Müller descrisse come l'acqua del bacino artificiale avesse un triplice effetto sul grosso corpo di frana. Un primo effetto di rammollimento del materiale alla base della frana, dove si trovano delle argille. Inoltre l'acqua percolante negli stessi strati basali aumenta la pressione, diminuendo così il coefficiente di attrito efficace tra i giunti di strato. E infine, l'effetto di galleggiamento "archimedeo", secondo il quale l'acqua del bacino artificiale avrebbe diminuito il peso efficace del corpo di frana. Tutti e tre questi effetti abbassano la resistenza e operano in favore di un possibile collasso catastrofico, che Müller stimò in 200 milioni di metri cubi.

Nel frattempo alcuni carotaggi fino a un livello di duecento metri di profondità riportarono scarso materiale: segno della presenza di rocce argillose o molto fratturate. Cunicoli esplorativi scavati nel corso del 1961 trovarono infatti una zona di taglio. Oggi sappiamo che questo era il piano di scorrimento di un'antica frana, ma fu ritenuto di scarso interesse per la mancanza di acqua nel cunicolo.

Edoardo Semenza era allora un giovane geologo alle prese con dei rilevamenti geologici nelle Dolomiti. Come abbiamo detto, era anche figlio del costruttore della diga Carlo Semenza. Mentre sul Toc si facevano carotaggi e a Vittorio Veneto gli ingegneri idraulici simulavano le piccole frane nel bacino artificiale, Edoardo, essendo geologo di campagna, andava a caccia di indizi sulla stabilità delle montagne. Fece così una scoperta allarmante. Trovò i residui di una vecchia frana nella parte sinistra della valle, destinata poi a essere sommersa dal lago di sbarramento. Era chiaro che frane di grosso volume cadevano eccome nella zona del Vaiont. Tuttavia da molti la situazione non venne ritenuta di particolare rischio. Tra coloro più preoccupati, il progettista Carlo Semenza scrive così in una lettera indirizzata all'Ingegner Ferniani e datata 20 aprile 1961[16]:

> Non le nascondo che il problema di queste frane mi sta preoccupando da mesi: le cose sono probabilmente più grandi di noi e non ci sono provvedimenti pratici adeguati, a meno di far cadere buona parte del materiale addirittura, con grandi mine, come proporrebbe l'ingegner Sensidoni; ma è il caso di arrivare a tanto?
>
> I professori Dal Piaz e Penta sono piuttosto ottimisti: tendono a non credere che avvenga uno scivolamento in grande massa e sperano (anch'io lo spero!) che la parte mossa si sieda su se stessa. Sono però entrambi d'accordo su ogni provvedimento di sicurezza, primo fra tutti la galleria "by pass".

Terminata la galleria, l'invaso venne riempito di nuovo. Verso la fine del 1962 l'acqua aveva raggiunto quota 700 m (Fig. 3.15) e le stazioni geodetiche misurarono incrementi di velocità di pochi millimetri al giorno.

Il livello venne mantenuto alto per tutto il 1962, quando si misurarono velocità fino a più di 1 centimetro al giorno. Il livello venne nuovamente abbassato a quota 650 m e il movimento della frana diminuì drasticamente. Il livello venne infine portato al massimo livello operativo di 710 m e la velocità della frana aumentò drasticamente fino a parecchi cm al giorno. Era ormai chiaro: non si trattava del movimento di blocchi isolati, ma di una massa enorme. E qualcosa di catastrofico stava per accadere. La velocità aumentò rapidamente; il collasso catastrofico con l'invaso a quota 700 metri fu inevitabile e la frana non pensò affatto a sedersi su se stessa.

---

[16] Tratto da Semenza (2005).

In conclusione: nell'episodio del Vaiont l'azione umana fu due volte negativa. Non solo il bacino artificiale minò la resistenza accelerando in maniera drammatica l'instabilità del versante del Toc; ma fu anche messa a disposizione una enorme quantità d'acqua proprio sulla traiettoria della frana, con le conseguenze che abbiamo visto.

L'acqua è una delle cause principali di instabilità dei versanti nelle nostre montagne. Ne parleremo ancora nel secondo volume, dove si vedrà come l'evoluzione geologica del bacino del Vaiont (la "terza storia del Vaiont") ebbe un ruolo determinante.

3.2 Frane gigantesche

Dieci volte più grande del Vaiont

È possibile una frana dieci o trenta volte più grande di quella del Vaiont? L'uomo non ne ha mai sperimentata una in epoca storica. La più grande delle frane vista sinora, quella appunto del Vaiont, ammonta infatti a un volume di 230 milioni di metri cubi mentre le altre (Elm, Piuro, Lavini di Marco, Mount Granier) erano un poco più piccole, ma pur sempre ragguardevoli.

Cominciamo con l'estremo opposto di frane molto piccole, come la caduta di massi da altezze di dieci o venti metri fino ai centomila metri cubi di Yosemite. Eventi di questo tipo possono essere letali per chi abbia la sfortuna di essere coinvolto in quel momento. Tuttavia frane così piccole hanno di solito un effetto locale e difficilmente causano una vera e propria catastrofe in cui sono coinvolte vaste aree e numerose persone.

Le parole *pericolo* e *rischio* dovuti a una calamità naturale sono concetti vaghi e intesi come sinonimi dai non specialisti. Tuttavia gli studiosi di catastrofi (e anche gli esperti di assicurazioni) intendono per pericolo la probabilità che un certo evento negativo accada in un certo periodo di tempo (per esempio un secolo) in un'area stabilita (per esempio un chilometro quadrato). Il rischio, invece, è il prodotto del pericolo per la cosiddetta *vulnerabilità*, ovvero l'impatto negativo che una catastrofe ha sulla comunità.

La caduta di un masso di dieci metri cubi è un evento comunissimo sulle nostre montagne. Quindi il pericolo è molto elevato. Tuttavia la vulnerabilità è bassa in quanto gli effetti negativi di un singolo masso sono soltanto locali. Di conseguenza il rischio, cioè il prodotto

$$\text{Rischio} = (\text{Pericolo}) \times (\text{Vulnerabilità})$$

avrà valori non troppo grandi né troppo piccoli. Il rischio aumenta per le frane di volume dell'ordine di quella del Vaiont perché anche se il pericolo diminuisce col volume, la vulnerabilità aumenta di più. Per frane di dimensioni molto maggiori, tuttavia, il pericolo diminuisce più rapidamente dell'aumento della vulnerabilità, cosicché il rischio diminuisce. Non vi è quindi rischio per frane di grosso volume?

La più grande frana delle Alpi

Le cose non stanno proprio così. Non lontano da Elm sorge un'attraente località turistica. La zona appare come una larga piana oggi occupata dal paese di Flims coi suoi numerosi alberghi e perfino da

Fig. 3.16 La cicatrice della grande frana di Flims appare come una parete lunga cinque chilometri (qui è visibile solo una parte). La piana occupata dalle case e dagli alberghi è l'antica superficie di scivolamento, certamente rimaneggiata e colma di suolo formatosi dopo la frana. Per cinque chilometri dalla cicatrice manca traccia del materiale franato

coltivazioni di alta quota (Fig. 3.16). Albert Heim e prima di lui uno svizzero di nome Moritzi la studiarono a fondo scoprendo che la zona pianeggiante è la superficie di scivolamento di un'antica frana. Una frana molto più grossa di quella del Vaiont, una frana colossale.

È facile stimare il suo volume basandosi sulla geometria. La cicatrice è lunga almeno sei chilometri e forma una scarpata alta mezzo chilometro chiamata Flimserstein, un gradino impressionante che domina l'intero paesaggio. La piana, sgombra di depositi di frana, è lunga circa cinque chilometri. Moltiplicando queste tre lunghezze otteniamo un volume di quindici chilometri cubi, un valore forse esagerato in quanto la roccia non ha lo stesso spessore in ogni punto. Tuttavia questa semplice stima mostra che dobbiamo aspettarci volumi di qualche chilometro cubo, ovvero più di dieci volte il volume della frana del Vaiont, diecimila volte il volume occupato da un grosso stadio di calcio. Una stima recente e più accurata fornisce otto chilometri cubi[17].

La piana visibile in figura occupa il piano di scivolamento della frana, che si è mossa verso le spalle del fotografo. I depositi della frana appaiono solo a cinque-sette chilometri dalla cicatrice visibile nella figura. Il paesaggio dominato dai depositi sfaldati e frammentati del materiale franato è unico (Fig. 3.17). Il fiume Volderrhein meandra in mezzo al pietrame calcareo e scavando i depositi di frana completamente disintegrati, ne ha messo a nudo la struttura ed esaltato l'imponenza.

La frana è scivolata lungo una superficie inclinata di appena undici gradi, molto meno dell'angolo di riposo dei materiali rocciosi. Per guadagnare questa mobilità, forse Flims viaggiò sopra materiali alluvionali ricchi d'acqua che agirono come un lubrificante. Ma come vedremo tra breve, le valanghe di roccia di grande volume tendono a muoversi su superfici molto poco inclinate anche in mancanza apparente di depositi ricchi d'acqua alla base.

---

[17] Von Porschinger et al. (2003).

Fig. 3.17 Il fiume Volderrhein taglia gli spessi depositi della frana di Flims

Quando è caduta la frana di Flims? Secondo Heim, numerosi blocchi lasciati dai ghiacciai (*massi erratici*) depositati sulla superficie di scivolamento dimostrano che la frana ebbe luogo prima delle glaciazioni. Interrompendo il corso del fiume, Flims produsse l'antico lago Ilanz. I depositi di questo lago sono stati datati col metodo del radiocarbonio e hanno fornito un'età superiore a 8.200 anni. L'esame di molte altre datazioni di sedimenti formati o alterati dalla frana ha fornito un quadro più completo. L'età è stata così stimata tra 8.200 e 8.300 anni fa, ben dopo lo scioglimento dei ghiacciai. Questa datazione per la frana di Flims è un po' preoccupante. Vediamo perché.

Quando i ghiacciai si ritirarono

Le frane di roccia sono molto numerose nelle Alpi; l'area occupata da tutti i depositi delle frane ammonterebbe al quattro per mille del territorio alpino. Rimane una domanda fondamentale: quando sono cadute? Fino a non molto tempo fa le frane erano datate sulla base dei depositi (le morene e i massi erratici) abbandonati sopra di esse dai ghiacciai. Vi fu infatti un periodo, esauritosi circa 11.000 fa, in cui le

Alpi erano coperte da ghiacciai anche alle quote più basse. Dei periodi glaciali e delle loro cause ci occuperemo nel (→ vol. 2). La cosa importante qui è la seguente. Nel datare una frana antica, la presenza di morene o di massi erratici sui depositi o sulla cicatrice della frana implicherebbe un'età *preglaciale*, precedente le glaciazioni. Al contrario, la loro assenza fa propendere per un'età *postglaciale*, ovvero successiva al termine delle glaciazioni. Tuttavia una frana postglaciale potrebbe essere caduta immediatamente dopo che i ghiacci abbandonarono le Alpi al termine delle glaciazioni, ovvero circa 11.000 anni fa, oppure solo 5.000, o 1.000 anni fa.

Con un'estrapolazione ingiustificata si riteneva che le frane postglaciali fossero cadute tutte nell'immediato postglaciale, 10.000-11.000 anni fa. Il motivo è che durante il ritiro dei ghiacciai dall'arco alpino venne meno il supporto della massa glaciale, e questo rese i versanti più instabili. Anche a scala più piccola i massi di qualche metro cubo cadono con più frequenza in primavera, quando il ghiaccio si scioglie e non fornisce più supporto naturale nelle spaccature delle rocce. Sembrava logico applicare lo stesso principio non a singoli massi, ma a interi settori delle montagne alpine. Occorreva però fare delle datazioni più attendibili. Solo di recente sono state fatte datazioni al radiocarbonio di residui organici. Ecco alcuni esempi[18]:

- La frana di Koefels (si veda più avanti) è stata datata a 8.700 anni fa.
- La frana di Tschirgant, sempre nelle Alpi austriache, è stata pure datata col radiocarbonio; risulta aver solo 2.900 anni.
- Le frane di Hintersee e di Eibsee, ritenute tardoglaciali a causa della morfologia in parte glacializzata, sono in realtà molto più recenti del periodo di ritiro dei ghiacciai: hanno soltanto 3.500 e 3.700 anni rispettivamente.

Si pensava che le frane di volume veramente grande, come Flims, fossero relegate al passato. Tuttavia in base a questi dati non sembra proprio che la frequenza fosse maggiore nell'immediato postglaciale. Se la frequenza di distacco delle frane è poco correlata al ritiro dei ghiac-

---

[18] Von Porschinger et al. (2003).

ciai dalle Alpi, la deduzione è ovvia: frane catastrofiche di enorme volume potrebbero accadere in qualunque periodo.

Oggi una frana delle dimensioni di Flims sarebbe estremamente distruttiva. Coprendo un'area di oltre cinquanta chilometri quadrati, sarebbe una seconda catastrofe di tipo Piuro ma a scala molto maggiore.

Un aspetto misterioso delle frane di grande volume

Il pericolo dovuto alle frane di grosso volume è aggravato da un loro aspetto ancora misterioso. Sono infatti capaci di viaggiare a velocità e distanze enormi, molto superiori di quanto ci si aspetterebbe basandosi sulle normali leggi di attrito dei materiali rocciosi. Di solito una piccola frana di qualche centinaio di metri cubi si ferma a poche decine di metri dal punto di distacco. Una frana mille volte più grande raggiunge una distanza maggiore, diciamo di qualche centinaio di metri. Più la frana è grande, maggiore è la distanza percorsa. Una frana di cento milioni di metri cubi può arrivare anche a un chilometro di distanza. Anche a Elm ci si aspettava una distanza di arresto molto più piccola dei due chilometri raggiunti dal fronte. È possibile predire la distanza raggiunta sulla base del volume?

Sì e no. Una frana grossa cade da un'altezza maggiore, e ha quindi più energia da utilizzare. È quindi ovvio che abbia in media una distanza d'arresto più lunga. Un parametro più interessante della distanza d'arresto in sé si ottiene dividendo l'altezza di caduta della frana chiamata H con la distanza di arresto, R (Fig. 3.18). Questo rapporto è chiamato il *coefficiente di attrito apparente*.

Secondo semplici considerazioni di fisica, il coefficiente di attrito apparente dovrebbe essere lo stesso per tutte le frane, indipendentemente dal loro volume. Questo può essere dimostrato in maniera semplicissima con una piccola scatola di cartone fatta scivolare lungo un piano inclinato. Si lascia la scatola sul piano inclinato, la si lascia scivolare, e dopo che si è fermata si misura la caduta verticale H e la distanza orizzontale percorsa R. Usando scatole di diverso volume e peso (ma fatte con lo stesso tipo di cartone) e perfino partendo da

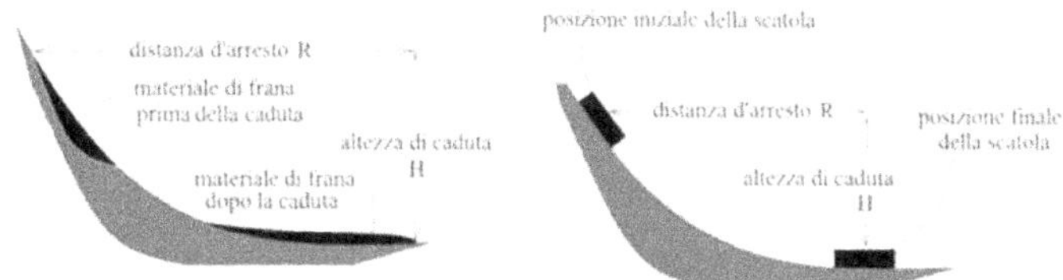

Fig. 3.18 La distanza d'arresto R e l'altezza di caduta H della frana. L'attrito apparente della frana si trova dividendo l'altezza di caduta con la distanza di arresto, cioè dal rapporto H/R. B: un semplice esperimento in cui alla frana viene sostituita una scatolina (in nero). Riempiendo la scatola di monete è possibile cambiarne la massa. Possiamo anche cambiare la posizione iniziale. In ogni caso, troviamo che dividendo l'altezza di caduta H con la distanza di arresto R otteniamo sempre valori molto vicini tra loro

altezze diverse, si trova che dividendo H con R si ottiene sempre all'incirca lo stesso valore (Fig. 3.18 a destra).

Possiamo applicare questo semplice esperimento alle frane, che sono molto più grosse?

La Fig. 3.19 mostra il risultato della divisione H/R per molte frane in funzione del loro volume (ogni quadratino rappresenta una frana). È chiaro che il valore medio del rapporto H/R ottenuto dividendo H con R diminuisce col volume delle frane. In altre parole, le frane grosse mostrano un coefficiente di attrito apparente molto piccolo, un risultato completamente diverso da quello ottenuto con l'esperimento delle scatole di cartone. Quindi una piccola frana di volume 0.01 milioni di metri cubi (ovvero diecimila metri cubi, corrispondenti a un cubo di roccia di lato uguale a trenta metri) ha secondo il grafico un rapporto H/R di circa 0.8-0.9. Significa che una frana si propaga orizzontalmente per una distanza di poco maggiore dell'altezza di caduta. Una frana molto più grossa, diciamo di un miliardo di metri cubi, ha un rapporto H/R di circa 0,01; è cioè capace di raggiungere una distanza orizzontale di dieci volte o quasi l'altezza di caduta! Questo strano *effetto di volume* implica una lunga distanza percorsa dalle frane di grande volume.

La Fig. 3.20 mostra in primo piano i depositi della frana di Saidmarreh nell'Iran meridionale, coi suoi quindici chilometri cubi di volume una delle più grandi del mondo. La frana si è staccata dalle

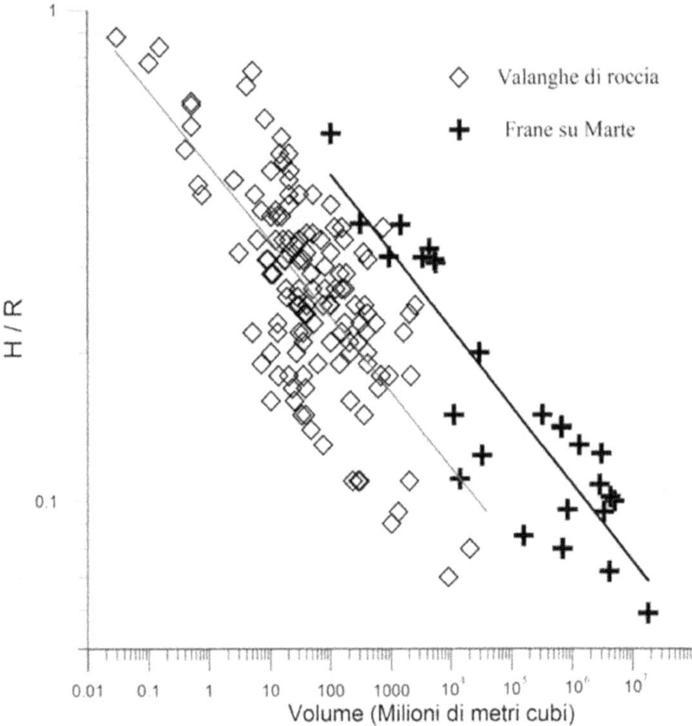

Fig. 3.19 Dividendo l'altezza di caduta di una frana H con la distanza di arresto orizzontale R si ottiene un rapporto chiamato coefficiente di attrito apparente. Se le forze di attrito sono indipendenti dalla massa e dalla velocità della frana, ci si aspetta che il coefficiente di attrito apparente sia indipendente dal volume. I dati per la Terra (quadrati) mostrano invece che il coefficiente di attrito apparente diminuisce con il volume della frana. Un effetto simile avviene per le frane di Marte (croci). Le due rette sono linee di interpolazione dei dati

montagne sullo sfondo, oltrepassando addirittura una valle! Che cosa ha spinto la frana di Saidmarreh? Una prima teoria vuole che le frane di grande volume del tipo di Saidmarreh viaggino su un tappeto d'aria come un hovercraft. L'effetto può essere dimostrato con una semplice carta da gioco lanciata rasoterra. La carta scivola su un tappeto d'aria e raggiunge distanze anche di cinque metri (provare per credere!).

Fig. 3.20 Depositi della frana di Saidmarreh in Iran meridionale, forse la più grande del mondo. La frana si è staccata dalle montagne visibili sullo sfondo nella prima foto. La seconda foto mostra un intaglio dei massicci depositi. Fotografie originali cortesia di Hassan Shahrivar

Fig. 3.21 Una catastrofe extraterrestre. Grazie alle nuove immagini da sonda sono state scoperte molte frane su Marte. Le frane mostrate qui appaiono in Ganges Chasma, un anfratto di Valles Marineris. Due frane si dipartono da rispettive cicatrici in forma di anfiteatri. La frana più in alto nella figura è successiva e ha coperto in parte la precedente. Le frane sono lunghe circa 40 chilometri. Immagine Themis PIA09057, cortesia NASA

La teoria dell'hovercraft incontra però serie difficoltà. La Fig. 3.21 mostra una catastrofe extraterrestre. Si tratta di due frane di Valles Marineris, una valle di Marte. Ebbene, anche questa frana e molte altre nella stessa zona di Marte sono molto mobili proprio come quelle terrestri. Questo lo si vede bene anche in Fig. 3.19, che mostra come anche il rapporto H/R diminuisca anche per le frane marziane. L'atmosfera marziana è assai più rarefatta che sulla Terra, e la spiegazione dell'hovercraft non può certo essere applicata.

Forse la spiegazione più probabile per l'effetto di volume è la presenza di acqua. Sulla superficie terrestre l'acqua è quasi sempre presente. Infatti la superficie terrestre è come una spugna imbevuta d'acqua fino a una certa profondità, chiamata tavola dell'acqua. Quando si stacca una frana di roccia, è probabile che la parte inferiore sia più bassa della tavola dell'acqua. Il materiale roccioso si frantuma rapidamente fino a produrre materiale fine imbibito. L'acqua diminuisce la resistenza per almeno due motivi. Sfavorisce i contatti dei grani solidi che sono all'origine dell'attrito. Inoltre, mescolata col materiale fine dovuto alla frammentazione della frana, genera una pasta viscosa con proprietà lubrificanti. Per quanto riguarda le frane di Marte, la relazione con l'acqua è interessante in quanto la ricerca dell'acqua e la sua storia è la questione centrale degli studi odierni sul pianeta rosso.

Le strie longitudinali delle frane marziane come quelle di Fig. 3.21 ricordano analoghe strutture sulla superficie di tante frane terrestri cadute su ghiacciaio come per esempio nel caso della frana di Sherman in Alaska. Potrebbe essere stato il ghiaccio a lubrificare le frane di Valles Marineris?

Le strane rocce di Koefels

Gli abitanti di Koefels in Austria da secoli conoscono e sfruttano per la produzione di piccoli manufatti una strana roccia spugnosa simile alla pomice. La roccia affiora lungo la valle di Otzdal. È la stessa valle che conduce al ghiacciaio del Similaun, famosa per il ritrovamento di Otzi, l'uomo dei ghiacci.

La Fig. 3.22 mostra un'immagine della roccia. Si presenta bollosa,

Fig. 3.22 La misteriosa roccia di Koefels (a sinistra) è mostrata insieme alla roccia originale (a destra), uno gneiss ricco di quarzo

pomicea, con delle venature color caffelatte. All'inizio si pensò a un'origine vulcanica. Qualcuno ritenne invece che un meteorite fosse caduto in zona fondendo nell'impatto la roccia madre di Koefels, uno gneiss quarzoso (a sinistra nella foto). Venne anche trovato un secondo tipo di roccia strana, composta da piccole sferule di vetro. Oggi sappiamo bene che i meteoriti producono rocce particolari come brecce e suaviti, ma non rocce dall'aspetto pomiceo (→ vol. 2). Eppure l'ipotesi di un meteorite a Koefels perdura tutt'oggi. È stato perfino suggerito che un'iscrizione su di una tavoletta sumera indichi proprio la caduta di un meteorite a Koefels.

I primi studiosi notarono una seconda stranezza a Koefels. Risalendo la valle di Otztal, si rimane colpiti da un'enorme massa che sbarra la valle all'altezza del paesino di Umhausen. Si capì che lo strano blocco è il deposito di un'enorme frana di roccia staccatasi dalle pareti della valle. L'ammasso di frana è lungo circa tre chilometri e spesso quattro-cinquecento metri. La frana è scesa per un dislivello totale di circa quattrocento metri, spostandosi orizzontalmente per un paio di chilometri. La Fig. 3.23 mostra il corpo della frana visto da Koefels.

I primi studiosi cominciarono a chiedersi se vi fosse una relazione tra la frana e i due strani tipi di rocce. Eliminando l'impatto meteoritico e perfino il vulcanismo come possibili cause, si suggerì un'idea nuova: le rocce erano il prodotto del fortissimo attrito esercitato dalla frana durante la sua caduta.

L'attrito è molto efficiente nel produrre calore. Ce ne accorgiamo sfregando velocemente le mani su un tavolo o un panno. La frana di Koefels era molto spessa e quindi la pressione alla base della frana era molto elevata. A conti fatti, anche solo pochi metri di movimento orizzontale sarebbero sufficienti a far fondere la roccia. Alla presunta roccia di fusione fu così dato il nome di frizionite.

Se si tratta veramente di roccia fusa dalla frana, dovrebbe avere la stessa composizione del materiale originario. Confrontando la composizione chimica delle due rocce in Fig. 3.22, quella prima e quella dopo la fusione, si vede infatti che la composizione è la stessa.

Fig. 3.23 La frana di Koefels. Il troncone di destra è diviso da quello sulla sinistra dal fondovalle. Il fiume ha segato la frana in due parti

Autolubrificazione

Un'esperienza agghiacciante per l'automobilista è quella di frenare bruscamente sull'asfalto asciutto. Se la velocità è elevata, quando le ruote si bloccano la temperatura dei pneumatici a contatto col terreno aumenta fino a farli fondere. Si forma così una patina di gomma fusa su cui le ruote, slittando, perdono completamente l'aderenza col terreno. Le conseguenze possono essere drammatiche: la perdita di controllo dell'autovettura e quindi il rischio di incidente. Perciò le industrie automobilistiche hanno ideato il dispositivo ABS (*anti-lock braking system*, o sistema di frenamento anti-bloccaggio). In una vettura dotata di ABS, le ruote non si bloccano completamente, evitando così la formazione dello strato di gomma fluida.

In maniera analoga è stato suggerito che la roccia fusa alla base di una frana abbia un effetto auto-lubrificante.

Quando la frana di Koefels ebbe luogo (secondo disegno di Fig. 3.24), il fronte raggiunse rapidamente l'alzo topografico visibile a una

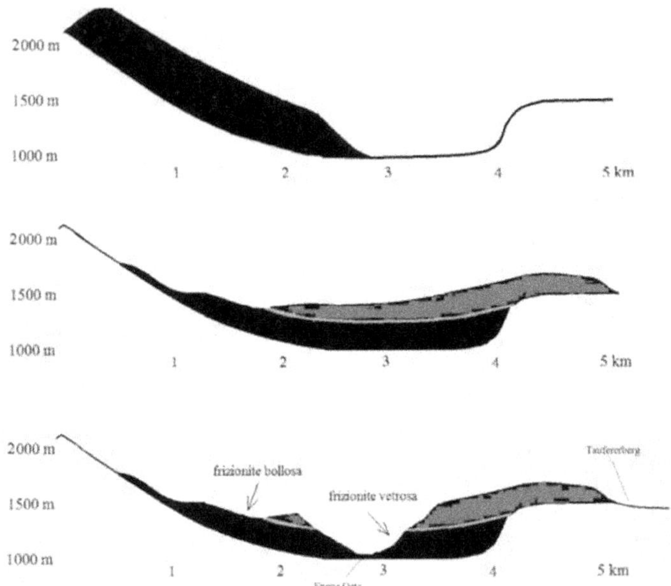

Fig. 3.24 Evoluzione della frana di Koefels

distanza di quattro chilometri[19]. L'impatto fu tremendo; la parte inferiore della frana si bloccò mentre quella superiore continuò quasi indisturbata il suo movimento. Così si sviluppò un enorme attrito tra la parte inferiore e quella superiore, in cui si formò la frizionite.

La frana di Koefels è stata datata e ha fornito un'età di 8.300 anni fa. Come per Flims, dunque, essa non fu provocata dalla deglaciazione. Potrebbe una frana simile avvenire ancora oggi? Se la risposta è positiva, c'è solo da sperare che frane di queso volume non cadano in zone densamente popolate.

Frane: corso di sopravvivenza

Frane di grosse dimensioni si possono spesso prevedere basandosi su piccoli ma percettibili movimenti del terreno. I primi a notare strani

---

[19] Erismann e Abele (2001).

cambiamenti sono a volte gli abitanti delle zone a rischio. Il suolo si sposta, si formano crepe, cadono massi, porzioni di suolo si separano tra loro (Fig. 3.25A).

In tempi più recenti, situazioni a rischio sono seguite (monitorate) con apparecchi speciali. Per esempio, si illumina una porzione delle zone sospette con un fascio laser e dal riflesso è possibile stabilire movimenti in corso e accelerazioni improvvise dei movimenti rocciosi (tecnica LIDAR). Oppure si applicano degli estensometri per misurare direttamente gli spostamenti sul terreno; da un po' di anni si utilizzano anche tecniche più complesse di interferometria radar, che permettono di rilevare più agevolmente piccoli spostamenti del suolo nel corso di qualche anno e la loro posizione.

Quando il movimento e l'accelerazione eccedono valori preoccupanti, le autorità possono sceglier di evacuare le zone a rischio, una decisione per nulla indolore. Se come si spera non succede nulla, la popolazione risulta come immunizzata cosicché una nuova situazione a rischio farà pensare a un altro falso allarme. Se d'altra parte le autorità scelgono di intervenire solo qualdo la catastrofe è quasi certa, si rischia un ritardo che può essere fatale, come fu nel caso del Vaiont. Una previsione di successo fu quella della frana di Randa in Svizzera, dove la misurazione dell'apertura di alcune fessure mostrò un aumento che raggiunse 40 centimetri prima del collasso del maggio 1991. In ogni modo si raccomanda alle popolazioni che vivono in zone monitorate di attenersi alle disposizioni delle autorità e di conoscere il proprio territorio e le attività tecnico-scientifiche di monitoraggio e prevenzione.

Le strutture umane più colpite sono senza dubbio le strade, spesso chiuse per frana (Fig. 3.25B). Purtroppo le frane possono essere letali anche se molto piccole. È bene quindi stare lontani da pareti strapiombanti, specialmente se di calcare o altre rocce deboli. Più sicure le rocce dure come i graniti o gli gneiss. I modesti corsi d'acqua che scendono da pareti ripide possono anche erodere la roccia, formando col tempo dei solchi lungo i quali scendono dei grossi blocchi. Evitare quindi di stazionare davanti a questi solchi, specialmente quando la

Fig. 3.25 A: parte di questa montagna dall'aspetto innocuo viene monitorata costantemente in quanto mostra velocità di movimento di qualche centimetro al mese. Se dovesse crollare, oltre al danno locale causerebbe la formazione di un pericoloso lago effimero. Norvegia meridionale; B: gli intagli causati dalle strade spesso provocano piccole frane. Oltre al pericolo per gli automobilisti, sono molto fastidiose per la comunità in quanto interrompono vie di comunicazione a volte uniche; C: i continui crolli di roccia (in questo caso dura arenaria quarzosa del Permiano) hanno richiesto la costruzione di un muro di protezione. Val Camonica all'altezza di Boario, Brescia, Italia; D: nella vita di ogni giorno le comunità montane hanno a che fare coi crolli di roccia, assai più comuni delle grandi valanghe di roccia. Reti paramassi come queste impediscono crolli disastrosi sulla strada. Val di Scalve, Bergamo-Brescia

presenza di blocchi sul terreno segnala in modo evidente il rischio. Le autorità montano spesso delle reti paramassi, scavano trincee particolari o erigono muri nelle zone pericolose (Fig. 3.25 C, D).

Esistono vari tipi di reti paramassi; le più moderne sono progettate con tecniche particolari per l'assorbimento dell'energia durante l'impatto, permettendo di resistere alla caduta di enormi macigni da altezze di decine di metri. A volte la costruzione di una trincea è preceduta da simulazioni al computer in cui si studia la traiettoria dei massi con moderni programmi di calcolo.

Come comportarsi se una frana rapida è già in corso? Pochissime persone possono rispondere per esperienza a questa domanda. Se si tratta di frane di piccole dimensioni come crolli di roccia, è bene muoversi perpendicolarmente al movimento delle rocce, e non fuggire via da esse lungo la direzione della valle. Vale lo stesso principio per le frane di roccia di grandi dimensioni, anche se queste sono probabilmente troppo rapide per potervi sfuggire. Ricordiamo il ragazzo di Elm, Fridolin Reinher. Si salvò saltando all'ultimo istante perpendicolarmente rispetto al movimento della frana.

Consigli speciali valgono per le frane tipo colata, esaminate nel prossimo volume.

Parte Seconda
Fuoco

4. Vulcani ed eruzioni

4.1 Un caso di studio, per cominciare

La forza devastante dei vulcani supera sotto molti aspetti quella dei terremoti e delle frane. Un'eruzione vulcanica esplosiva è allo stesso tempo lo spettacolo più terrificante e fascinoso della terra (tavole 12 e 13). La devastazione può essere totale, ma è seguita dalla creazione di nuove rocce e terreno, un ciclo che può sorprendere i non geologi, ma che la terra segue da miliardi di anni senza sosta.

Iniziamo con la cronaca di un'eruzione vulcanica vista con gli occhi ingenui dei popolani italiani del XVII secolo.

Vesuvio, dicembre 1631

Nel 1631 il Vesuvio veniva descritto come un monte coperto di arbusti, vitigni, frutti; le sue pendici producevano vini e olii pregiati. Le ultime eruzioni del vulcano risalivano a 500 e 130 anni prima, un tempo sufficiente a far dimenticare la sua natura vulcanica. Oggi un comodo sentiero pieno di negozietti e venditori di gadget porta alla sommità del Vesuvio. Ma in un'epoca in cui ci si muoveva di rado e perfino alcune zone di campagna erano inesplorate, la sommità del vulcano era sconosciuta. Solo alcuni pastori e monaci alla ricerca di erbe medicamentose si avventuravano nelle zone più elevate, senza capirne la natura vulcanica. Alcuni naturalisti avevano anche esplorato le caverne naturali notando le fumarole, segno leggero ma inequivocabile che il gigante non era spento.

A partire dal novembre 1631 la montagna cominciò a mostrare segni di inquietudine. Verso la fine del mese, un "uomo degno di fede di Ottaviano" vide qualcosa di sorprendente: il cratere era riempito di materiale solido e ceneri da poterlo attraversare da un bordo all'altro. Qualcosa era successo nelle ultime due settimane. Un altro segno evidente del risveglio non poteva passare inosservato: i terremoti aumentarono di intensità e divennero frequenti. Intanto alcuni pozzi si erano prosciugati, segno di cambiamenti sotto la superficie. La notte del 15-16 dicembre, i terremoti furono percepiti in tutto il napoletano. Insieme ai fortissimi tuoni dalla sommità del Vesuvio, tolsero il sonno in tutta la regione.

La mattina del 16 dicembre si aprì con un apparente armistizio. Ma non era destinato a durare. L'eruzione cominciò non dal cratere centrale ma dal fianco sud, dove il terreno si aprì all'improvviso. Furono i prodromi di un'eruzione centrale; fumo e ceneri furono sparati verso l'alto formando una colonna a forma di pino. Enormi blocchi di lava scagliati a grandi distanze bombardarono i fianchi del vulcano, mentre fulmini provenienti dalla colonna di fumo accompagnavano i boati delle esplosioni.

Sino a quel momento la violenza dell'eruzione era stata notevole, ma non eccezionale. Solo verso le otto di mattina l'eruzione entrò nel vivo, battendo un record che non era stato eguagliato da un millennio (Fig. 4.1. e 4.2). Le emissioni di ceneri vulcaniche aumentarono d'intensità. La colonna di fumo raggiunse la stratosfera, a un'altezza di circa 12-15 chilometri.

Sullo sfondo della montagna fumante e flagellata dai terremoti, in molti avevano cercato di abbandonare le case intorno al vulcano per raggiungere Napoli. Le autorità temettero che le migliaia di persone da Resina, Torre del Greco e gli altri paesi potessero contaminare la capitale (la peste era ritenuto un pericolo forse maggiore dell'eruzione), ma si arresero davanti al grande numero di profughi.

Nella cattedrale di Napoli avvenne un fatto miracoloso. Il sangue di San Gennaro, il patrono della città morto nel 305, si era liquefatto come sempre accadeva nei momenti di crisi. Fu quindi decretata una processione solenne. La testa di San Gennaro venne portata vicino alla chiesa della Madonna del Carmine dove il martire aveva già salvato la città dall'eruzione del V secolo. Autorità, importanti persona-

Fig. 4.1 L'eruzione del 1631 in una stampa del XVIII secolo. Vi furono colate di lava, flussi piroclastici, colate di fango ed emissione di ceneri. Civica Raccolta delle Stampe Achille Bertarelli, Milano

Fugura 4.2 L'eruzione del Vesuvio del 1631 in una versione tedesca di una stampa del 1737. Civica Raccolta delle Stampe Achille Bertarelli, Milano

lità del clero, il vicerè, i militi percorsero la città insieme a gruppi di imploranti e di flagellanti. Chi portava pesanti croci di legno, chi piangeva i propri peccati gridando pietà ai cieli e invocando San Gennaro.

La misteriosa pioggia di ceneri, i tremori, le nubi oscure, i fulmini, erano fatti così inconsueti e spaventosi che molti dovettero pensare alla fine del mondo. L'eruzione ebbe la punta massima la mattina del 17 dicembre, quando la parte sommitale del cratere centrale esplose. Così come l'aria tende a seguire la direzione del proiettile esploso da un cannone, le ceneri create dall'esplosione vennero sparate ad altissima altezza nell'aria. Dopo una quindicina di chilometri, la nube oscura superò la tropopausa per penetrare nella stratosfera, dove le ceneri furono ridistribuite rapidamente dai movimenti orizzontali delle masse d'aria. Raggiunsero così un'area molto ampia fino a Costantinopoli, oscurando il sole.

Un nuovo terremoto della durata di cinque minuti sconquassò l'intera area, creando delle nubi di ceneri in caduta lungo i fianchi del vulcano. Si tratta di flussi piroclastici (→ 5.1), un prodotto letale delle eruzioni esplosive formato da una miscela di ceneri incandescenti e aria. Rapidi e caldissimi, i flussi piroclastici attaccarono Torre del Greco a sud e San Sebastiano a nord bruciando tutto al loro passaggio. Alcune persone scapparono nelle chiese, trasformate in efficienti rifugi antivulcano. Ma altri soccombettero alle alte temperature o per l'impossibilità di respirare. I più fortunati ebbero sorte di trovarsi su punti topografici elevati dove i flussi, incapaci di vincere la forza di gravità, si arrestarono. Raggiungendo il mare, i flussi piroclastici conservarono una temperatura sufficiente per riscaldare le acque e uccidere numerosi pesci, prima di depositarsi come lingue di terra a forma di molo.

Ai terremoti, alle nubi piroclastiche e al fuoco si aggiunse l'acqua. Quando grandi porzioni di terra o forti spostamenti d'aria perturbano il mare, si possono generare gli tsunami. Nella baia di Napoli il livello del mare scese di qualche metro per poi risalire a cinque metri di altezza e ingoiare navi, case e persone intorno alla riva.

Visto che l'esposizione di San Gennaro e le urla dei penitenti non avevano avuto alcun effetto se non quello di aumentare la devastazione, il pomeriggio del 17 dicembre fu organizzata una seconda processione più convinta della prima, con la testa e il sangue di San Gennaro ancora come protagonisti. Stavolta le autorità volevano evitare insuccessi. Fatto sta che, come scrive il Manso:

> … nell'uscir la Santa Reliquia fuor della porta del Duomo cessò del tutto la pioggia e comparve così inaspettato il sole che il popolo cominciò ad alta voce a gridare miracolo […] nel finestrone che sta sulla porta del Duomo […] apparve palesemente al popolo che stava nella piazza il glorioso S. Gennaro stesso in habito pontificale, che da su la finestra benedisse il popolo e poi disparve […] il Cardinale prese il glorioso sangue dal tabernacolo […] e tenendolo nelle mani l'alzò verso il fuoco facendo il segno della Santissima Croce.
> Ecco quella smisurata e altissima nuvola incontinente calò la cima quasi chinando il capo alla santa reliquia […] gridava tutto il popolo […] ad alta voce di nuovo miracolo.

Ma dopo una tregua alle 9 della sera, l'eruzione riprese nel corso della notte. Il giorno successivo, il 18 dicembre, avvenne qualcosa di nuovo: immani quantità di acqua dal cielo, che alcuni attribuirono al drenaggio di un fiume interrotto, altri a un nuovo diluvio. Oggi sappiamo che le colonne di aria calda in moto ascensionale durante un'eruzione possono far condensare il vapore, creando le condizioni per piogge colossali. L'inondazione che ne seguì causò altre vittime. Mischiata con la cenere, l'acqua formò una miscela della consistenza del cemento (chiamata lahar) difficile da rimuovere, e che causò il collasso di molte baracche.

L'eruzione continuò per molti giorni, terminando solo all'inizio di gennaio 1632. Il bilancio fu disastroso. Le perdite ammontarono a venticinquemila ducati. Si pensi che il principe di Ottaviano, uomo ricchissimo, guadagnava diecimila ducati all'anno. Fatti i debiti conti, la perdita equivalente dovuta all'eruzione fu di qualcosa dell'ordine di un miliardo di euro di oggi. I morti furono tra i 4.000 e i 10.000, ma nessuno poté stabilirlo con certezza.

L'aspetto magico, quello religioso e quello razionale

Ai nostri giorni, un'eruzione vulcanica o un'altra calamità come un terremoto o uno tsunami suscitano una serie di reazioni di fuga o autoprotezione. Una reazione che se mal organizzata non sempre porta effetti positivi, ma pur sempre basata sulla razionale considerazione di un pericolo fisico. La reazione della gente all'eruzione del 1631 fu anche irrazionale. Come sempre è accaduto nei secoli durante le calamità, la gente viene prostrata dagli eventi sui quali non ha alcun controllo. Incapace di mitigare la calamità, guarda dentro di sé nella speranza che la furia della natura derivi da cattivi comportamenti personali. Ecco quindi affiorare il pentimento personale come un contributo alla collettività. Forse un'offerta che, quando proposta da così tante persone, Dio non potrà rifiutare, in modo particolare se suggellata dall'esibizione delle reliquie di un santo così importante e venerato. Qualcosa di simile avvenne una quarantina di anni dopo a Catania, durante la devastante eruzione dell'Etna del 1669. La popolazione portò le reliquie di sant'Agata, protettrice della città, in processione religiosa "... mentre il fuoco si avvicinava".

Nel corso dei secoli sono cambiate religioni e divinità, ma il modo di reagire alle catastrofi allo scopo di fermare ulteriore distruzione è rimasto simile. Se nelle comunità cristiane l'offerta è il pentimento dai peccati, i popoli del passato hanno stabilito pegni diversi e anche cruenti per calmare le divinità. In Nicaragua, il vulcano Masaya alterna pericolosa attività esplosiva a tranquille colate di magma. Per calmare gli dèi, gli indigeni sacrificavano le fanciulle gettandole nei laghi di lava del vulcano. Ancora nel 1879-1890, una giovane donna finì in un lago di El Salvador come sacrificio per placare le divinità dopo un'eruzione sublacustre. Quando nel 1600 la città peruviana di Arequipa fu coperta da uno strato di cenere preveniente dal vulcano Huaynaputina, gli spagnoli furono certi dell'ira di Dio, ma secondo l'interpretazione degli indiani le divinità stavano usando il vulcano per incitare gli indios contro i cristiani! Perfino in tempi recenti l'eruzione dell'Agung a Bali, costata la vita a oltre mille persone uccise da lahar e nubi ardenti, è stata associata da alcuni a un'arrabbiatura divina.

Torniamo all'eruzione del 1631. Le processioni vennero non solo favorite ma anche organizzate dalle autorità. Un primo motivo è che la religiosità investiva in maniera sincera anche le cariche più alte. Ma vi erano anche motivazioni di ordine pubblico. Una reazione sbagliata della gente durante le calamità può portare a danni anche peggiori di quelli dovuti alla natura. Il popolo impegnato in interminabili processioni viene distolto dal commettere atti irrazionali e dannosi; è più ordinato e facile da dirigere. Spossato da marce religiose e dall'autoflagellazione che spesso comportava serie ferite, la gente non aveva più le energie per atti facinorosi. Inoltre l'improvviso pentimento della gente rendeva tutti un po' più virtuosi. Il vicerè emanò una legge che proibiva l'incontro con le meretrici pubbliche durante le fasi delicate dell'eruzione perché in caso di morte improvvisa non vi sarebbe stato il tempo di pentirsi e l'inferno sarebbe stato inevitabile! Una trentina di donne di malaffare furono fatte sfilare a piedi nudi; corone di spine sulla testa e corde al collo, imploravano il perdono trascinando pesanti catene.

A eruzione ultimata fu necessario stimare i danni e portare aiuto e conforto alla popolazioni delle campagne. Come si legge in un rapporto dell'epoca[1], ai soccorritori lo spettacolo di morte apparve straziante:

> … chi arso, chi secco, chi puzzolente, chi senza capo, chi senza braccia, chi senza gambe, molti stanno con li piedi all'aria, […] qua si trovava una coscia di huomo, una capra morta […] di qua un busto che non si conosceve di chi fusse, qui una testa di animale, un capo di huomo, da questa parte una capra morta, da quest'altra una coscia di huomo, una spalla, un piede sopra una gamba, un huomo morto, chi aveva levato la pelle, e carne sotto li piedi […] chi arso, chi arrostito.

---

[1] Masino di Calvello, Distinta relatione dell'incendio del sevo Vesuvio, Napoli, 1632, citato da Nazzaro (2009).

La pietra che grida

L'eruzione avvenne circa settant'anni dopo il Concilio di Trento, un periodo attanagliato dai conflitti religiosi. I salvataggi di persone e chiese vennero pubblicizzati ed esagerati. Quando la statua della Madonna nella chiesa di Santa Maria di Costantinopoli (a Torre del Greco) venne trovata integra, si gridò al miracolo. Perfino piccoli manufatti bruciacchiati, purché non completamente distrutti, dimostravano come Dio non avesse dimenticato quel popolo sfortunato.

A fianco delle processioni organizzate, si organizzarono iniziative più moderne. In alcuni punti sono ancora leggibili gli avvisi esposti dal vicerè a eruzione terminata. Ecco la traduzione libera di un'iscrizione in latino ancora esposta a Portici[2]:

Posteri, posteri

La cosa riguarda voi.

Prendete nota. Venti volte a partire dalla creazione del Sole, se la storia non racconta favole, il Vesuvio ha bruciato, sempre causando grande distruzione a coloro che esitano.

Qui si pubblica un avviso, cosicché tutti ne siano consapevoli.

Questa montagna ha un utero, è gravida di bitume, allume, ferro, zolfo, oro, argento, nitrato, acqua sorgiva.

Presto o tardi prenderà fuoco, e mentre il mare vi fluirà dentro, partorirà.

Ma prima, avrà le doglie, tremerà, e farà tremare la terra intorno. Fumerà, lampeggerà, e con fiamme accenderà l'aria. Muggendo e ruggendo orrendamente, terrà la gente lontana dal suo corpo.

Fuggite se potete.

È sul punto di dare il via all'eruzione, di deporre un lago infuocato.

Scaricherà un lungo flusso, rendendo impossibile una fuga tardiva.

Se vi sorprende, è sopra di voi, siete perduti.

Nell'anno della salvezza 1631, 17 dicembre, quando Filippo IV era re

---

[2] Tratta da Scarth (2009).

ed Emanuele Fonseca e Zunica, conte di Monterrey, era vicerè, e quando il disastro di tempi precedenti fu ripetuto, e quando la consolazione dal disastro fu data in maniera ancora più umana, perché più generosamente.

Se avrete timore della montagna, vi salverete; se la canzonerete, distruggerà lo sprovveduto e l'avido, per il quale la casa e i beni materiali sono più importanti della vita stessa.

Tu, se sei saggio, ascolta la pietra che grida. Ignora la tua casa, ignora i tuoi beni, scappa senza ritardo.

> *Antonio Suares Messia*, Marchese di Vico, prefetto delle strade.

4.2 Natura del vulcanismo e rocce vulcaniche

Cos'è un vulcano?

La parola "fuoco" in relazione a un vulcano è solo un artificio retorico in quanto le rocce fuse e incandescenti che escono da un vulcano non hanno niente a che fare con la combustione, anche se possono provocare incendi. L'unica cosa in comune tra il fuoco e la lava di un vulcano è l'alta temperatura. La Terra produce una quantità enorme di energia, distribuita su tutta la superficie in maniera quasi uniforme (vedi §1.1.5).

Nelle profondità del mantello terrestre, normalmente la temperatura non è sufficiente a far fondere le rocce sotto pressione. A volte però la fusione delle rocce del mantello avviene localmente, vuoi a causa di una concentrazione di calore in un'area ristretta, oppure per un abbassamento della temperatura di fusione della roccia. Se la roccia fusa così formata, il *magma,* riesce a risalire alla superficie, dà luogo a fenomeni vulcanici.

Con i suoi 3.340 metri, l'Etna è il vulcano più alto d'Europa e uno dei più famosi e studiati al mondo. Rappresenta un esempio di *vulcano a scudo*, una tipologia con profilo dolce dei pendii (Fig. 4.3). L'edificio vulcanico si estende per un diametro di una cinquantina di chilometri mentre il cono presenta un cratere centrale alla sommità. Il grosso del vulcano è formato da una successione di colate di lava[3]

Fig. 4.3 La parte centrale dell'Etna. Si vedono anche gli argini di numerose colate

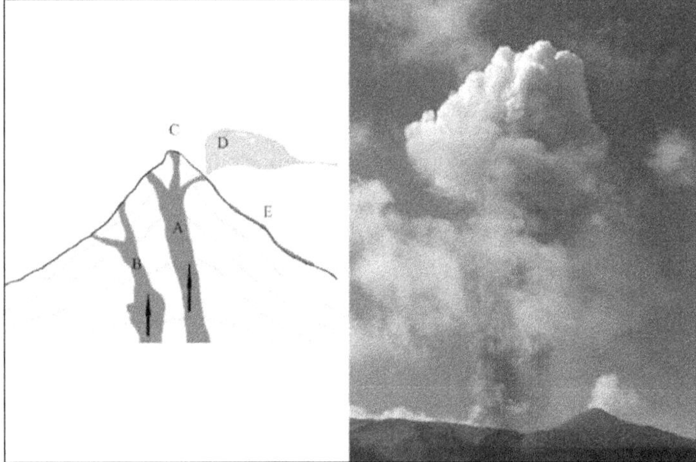

Fig. 4.4 A sinistra: sezione ideale di un vulcano come l'Etna. A: bocca principale; B: bocca secondaria; C: cono centrale; D: materiale piroclastico; E: colata. A destra: debole attività piroclastica dell'Etna: una piccola eruzione laterale vista dal fianco nord del vulcano, agosto 2011

di diversa età (Fig. 4.4). Alcune delle colate che si sono sovrapposte durante il corso dei millenni andarono molto lontano mentre altre si

---

[3] Quando il magma fluido scaturisce alla superficie prende il nome di lava, un termine coniato dai napoletani e connesso alla parola "lavare", anche se "lava" rimane tale anche in inglese.

fermarono in prossimità del cono centrale o delle bocche laterali. Fra le colate storiche dell'Etna, una delle più lunghe giunse nel 1669 fino a Catania prima di buttarsi nel mare; altre volte le colate si sono fermate dopo pochi chilometri.

In realtà l'Etna è piuttosto vario e complicato. Non dà infatti luogo solo ad attività effusiva (cioè colate di magma appunto) ma anche debolmente esplosiva, con emissione di *ceneri* e *lapilli*. I frammenti solidi emessi dai vulcani prendono il nome di *materiali piroclastici* (dal greco: frammenti di fuoco). Si parla di *ceneri* quando le dimensioni dei granuli sono dell'ordine del millimetro o inferiori, e *lapilli* per quelli centimetrici. Le *bombe vulcaniche* sono frammenti di lava ancora incandescente di grandezza variabile da un pugno fino a enormi macigni, scagliati dalla violenza dell'eruzione. Infine, *tephra* denota i materiali piroclastici più fini, sovente trasportati a lunga distanza dai venti in quota.

L'Etna ha dunque alternato i due tipi di attività effusiva e piroclastica con netta preferenza per la prima, cosicché l'edificio vulcanico risulta dalla sovrapposizione di colate (E nello schema di Fig. 4.4) e di materiale piroclastico (D) provenienti da una bocca principale (A) a formare un cono centrale (C), e da bocche secondarie laterali (B).

I vulcani delle isole Hawaii emettono magma simile a quello dell'Etna, ma danno luogo solo a tranquille colate di lava e nessuna emissione piroclastica (Fig. 4.5 a sinistra). L'edificio vulcanico risulta dalla

Fig. 4.5 A sinistra: colata lavica Hawaiiana. Vulcano Kilahuea, Hawaii. Un'altra colata Hawaiiana è riprodotta alla tavola 14. A destra: Mauna Kea, sull'isola Grande della Hawaii. Quest'ultima foto di Travis Thurston modificata da Wikimedia Commons e riprodotta con permesso

sovrapposizione di colate e sviluppa fianchi poco ripidi tipici dei vulcani a scudo (Fig. 4.5 a destra).

Un semplice esperimento mostra come si forma un edificio vulcanico a scudo come quello delle Hawaii (Fig. 4.6). Si faccia fondere una certa quantità di cera e la si versi sul centro di un piano di vetro a rappresentare una colata lavica. Si deve aspettare che la cera solidifichi prima di ripetere l'operazione parecchie volte. Mano a mano che diverse colate di cera si sovrappongono, rivoli di cera cercano di scorrere verso il basso seguendo la pendenza locale, ristagnando nei tratti pianeggianti, fino a fermarsi quando la temperatura è scesa vicina al punto di solidificazione della cera. Durante l'esperimento si vedrà formarsi una specie di vulcano artificiale dal profilo dolce (Fig. 4.6).

Il tipico vulcano di forma conica, denominato *strato-vulcano,* si forma quando i volumi delle emissioni piroclastiche divengono comparabili a quelli delle effusioni laviche, tipologia rappresentata in Italia dal Vesuvio e Vulcano.

Per comprendere la varietà dei fenomeni vulcanici è necessario soffermarsi sui materiali da loro emessi e sulla chimica della Terra.

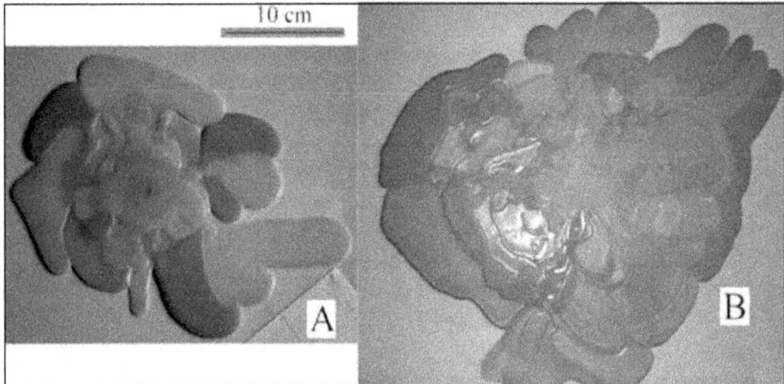

Fig. 4.6 Un vulcano a scudo è formato dalla sovrapposizione di colate di lava fluida. Un semplice esperimento con colate di cera sovrapposte mostra come si formano gli edifici vulcanici di tipo hawaiiano. A mostra il vulcano sperimentale dopo 5 colate e B dopo 18. Si noti come il "vulcano" tende a rimanere molto piatto. Esperimento ispirato da Albin (2007)

False fucine romane, acque minerali e la nascita della vulcanologia

Nel 1751 il naturalista francese Jean-Etienne Guettard (1715-1786) era in gita in Alvernia nel sud della Francia in compagnia del suo amico, l'avvocato de Lamoignon. Come succedeva per molti geologi di quell'epoca (e anche per molti di oggi), Guettard era sia in gita di piacere che di lavoro. Da ragazzino, ardente di imparare le scienze naturali, soleva passeggiare nella natura, interrogando gli adulti, aiutando il padre farmacista a cercare le erbe curative. La sua curiosità lo aveva portato a classificare e conoscere numerosi tipi di rocce e a redigere una delle prime carte geologiche, abilità che gli avavano fruttato il posto di conservatore del gabinetto di Storia Naturale del duca di Orleans.

L'Alvernia è caratterizzata da colline e montagne a forma di cono (Fig. 4.7). Una piccola curiosità per i visitatori della zona, che però accorrevano più per godere delle acque salubri della città di Vichy. I due amici soggiornarono a lungo nella regione, visitando la montagna più famosa, il Puy de Dome (1465 metri sul livello del mare). Guettard chiese a un naturalista locale quale fosse l'interpretazione di queste strane morfologie. Il naturalista non lo sapeva. Si diceva però fossero ammassi rocciosi artificiali come scarti di miniera, o forse i resti di antichi forni fusori romani!

Vicino a Vichy, Guettard notò una strana roccia nera. Qui la sua preparazione nello studio delle rocce, fino ad allora dettata più da pura curiosità che dal desiderio di fare un'importante scoperta, si rivelò fondamentale. La roccia somigliava moltissimo ad alcuni campioni vulcanici provenienti dal Vesuvio. Molti edifici della zona erano fatti con lo stesso materiale e d'altronde anche la cattedrale di Clermont Ferrand è una bellissima chiesa nera. Ma dove erano i vulcani? I più vicini, quelli dell'Italia meridionale, erano di certo troppo lontani per aver contribuito con delle colate laviche. Guettard realizzò che forse un tempo vi erano stati dei vulcani nella zona simili al Vesuvio o all'Etna. Le rocce scure erano usate come materiali di costruzione ma Guettard non trovava alcun affioramento. Dove era la cava?

Fig. 4.7 La zona dell'Alvernia dove i geologi francesi gettarono le basi della vulcanologia è ricca di coni, duomi e cupole vulcaniche. In primo piano il Puy-en-Velay, una cupola alta 80 metri sulla cui cima sorge una chiesa romanica edificata nel XI secolo

Guettard e de Lamoignon furono indirizzati verso il villaggio di Volvic, famosa ancora oggi per le acque minerali esportate perfino in

America. Guettard si rese conto che nel nome della cittadina vi era la soluzione dell'enigma. *Volcani vicus* era infatti l'antico nome completo di Volvic. I romani, avvezzi ai capricci dei vulcani delle Eolie, dell'Etna e durante il periodo imperiale anche del Vesuvio, non avevano avuto problemi a riconoscere in quelle strane colline i resti di antichi vulcani: un altro esempio di conoscenza fondamentale caduta nell'oblio per millenni[5].

Nel maggio 1752 Guettard lesse una comunicazione all'accademia di Francia intitolata *Memoria sopra alcune montagne francesi, un tempo vulcani*, una pietra miliare nella storia della vulcanologia. Per la prima volta si ammetteva l'esistenza di antiche vestigia di vulcani non più attivi, un concetto prima di allora difficile da immaginare. Per la prima volta si favoleggiava di antiche catastrofi non legate al diluvio universale.

Nettunisti, plutonisti

È strano che a fianco di intuizioni così fulminanti e fondamentali Guettard sia caduto su un errore grossolano. Una questione apparentemente marginale ebbe grande impatto sulla storia della vulcanologia e della geologia intera. Osservando alcuni basalti colonnari poggiati sul granito, Guettard sostenne l'origine sedimentaria del basalto. Oggi sappiamo bene che il basalto è il tipo più diffuso di roccia vulcanica. Come fu possibile questo errore?

Il basalto era una roccia molto diffusa e di colorazione leggermente diversa dalle colate nella regione dell'Alvernia. Inoltre Guettard non capiva come mai il basalto avesse dei confini netti con il granito. Se fosse stato fuso, ragionò, anche il granito si sarebbe fuso. Non sa-

---

[5] Un anno prima di Guettard, due scienziati visitarono la regione e suggerirono al naturalista locale l'idea che la zona fosse vulcanica. Forse Guettard apprese da lui l'idea fondamentale che lo rese famoso e non viceversa? Non sarebbe la prima volta che uno scienziato "gioca sporco" per attribuirsi la priorità di un'idea. In ogni modo fu Guettard a pubblicare i risultati e a renderli sistematici. Inoltre gli altri due scienziati non avevano probabilmente le conoscenze petrografiche e mineralogiche di Guettard, necessarie per scrivere quella che divenne una memoria scientifica fondamentale. Secondo gli standard moderni, spetta in ogni modo a Guettard la priorità della scoperta.

peva che il granito dell'Alvernia era molto più antico dei vulcani. Solo qualche anno più tardi il suo connazionale Desmarest dimostrò in maniera definitiva che i basalti erano rocce vulcaniche. Ma dimostrando da un lato l'estesa distribuzione dei vulcani nel passato della Francia, e sostenendo dall'altra la presenza di enormi bacini oceanici dai quali si erano depositati i basalti, Guettard preannunciò in un colpo solo due diverse scuole di pensiero geologico che di lì a pochi anni avrebbero rivaleggiato in tutta Europa: i *nettunisti* e i *plutonisti*.

I nettunisti (da Nettuno, dio romano del mare) erano capitanati da un professore di Geologia e Mineralogia a Freiberg in Sassonia, Abraham Gottlob Werner (1749-1817). Come anche Guettard, i nettunisti sostenevano l'origine marina dei basalti e di quasi tutte le rocce. Secondo loro, era esistito un mare primordiale dal quale si erano depositate le rocce della superficie terrestre. I vulcani erano solo fenomeni superficiali, incendi sotterranei privi di rilevanza in una visione geologica globale. Al contrario i plutonisti (da Plutone, dio degli inferi e dei vulcani), pur non negando l'esistenza di rocce depositatesi nel mare (o sedimentarie) insistevano sulla natura vulcanica del basalto e di molte altre rocce.

Oggi sappiamo che i plutonisti erano assai più vicini al vero. Ma i nettunisti potevano contare sull'energica eloquenza del loro maestro. Werner aveva creato una scuola basata al tempo stesso su una concezione antica e moderna di fare scienza. Antica perché ricordava in parte le scuole filosofiche greche in cui le idee ruotavano intorno all'autorità del maestro e venivano messe poco in discussione. Ma era moderna nell'accogliere e incoraggiare i migliori studenti. Purtroppo per Werner le due cose sono incompatibili. Difficilmente uno studente bravo bada più all'autorità del maestro che ai fatti, cosa già intuita da Leonardo da Vinci nel campo artistico col suo famoso aforisma *Tristo l'allievo che non supera il maestro*. Inoltre vi era un anacronismo di fondo. La geologia non è una scienza deduttiva come la matematica, non a caso preferita dagli antichi greci; richiede invece pazienti osservazioni locali dalle quali si possa ricavarne dei principi di validità generale. In un'epoca in cui si cominciava a viaggiare più spesso, Werner conosceva per lo più la geologia intorno alla sua città. Furono così tre nomi di spicco coi loro viaggi e ragionamenti a minare le teorie del loro maestro: d'Aubuisson, von Buch e von Humboldt. E fu ancora l'Alvernia al centro della storia della vulcanologia. Lì vennero infatti trovate delle colate basaltiche chiaramente associate ai vulcani.

Con le defezioni in casa nettunista iniziò il declino della popolarità di Werner e della sua scuola. Ma per assestare il colpo finale fu necessaria una figura di pari levatura, uno scozzese destinato a divenire uno dei più famosi geologi di tutti i tempi: James Hutton (1726-1797). Hutton amava studiare la natura nei dettagli, raccogliendo numerose rocce e fossili sul terreno. Durante le sue escursioni in Scozia fece una scoperta che avrebbe cambiato il corso della geologia. Un affioramento di granito rosso appariva interdigitato con un pacco di strati calcarei. Il granito giaceva sopra e non sotto il calcare; una cosa impossibile da spiegare nella visione nettunista, secondo la quale il calcare era l'ultimo strato depositato dal mare primordiale. Il granito aveva invece perforato il calcare. Non solo doveva essere successivo al calcare, ma non poteva che essere allo stato fuso. Il fondamentale libro di Hutton *Theory of the Earth* uscì grazie al suo collaboratore Playfair e andò a costituire il fondamento della geologia moderna.

Hutton aveva un amico di nome Hall e con lui scambiava spesso idee scientifiche. Il figlio di Hall, James, era un ragazzino sveglio che amava ascoltare quei discorsi così affascinanti. Forse già da piccolo James pensò di ottenere la lava artificialmente facendo fondere le rocce vulcaniche. Quando divenne un giovanotto, consultò quindi il grande amico di suo padre, ma la reazione di Hutton fu quasi di derisione. Eppure Hall non solo ottenne la fusione del basalto e la sua ricristallizzazione. Mostrò anche che se il basalto si raffredda troppo velocemente, si ottiene una sostanza amorfa e non cristallina. Ironicamente, successivi esperimenti di Hall e di altri mostrarono che Hutton aveva ancora più ragione di quanto credesse lui stesso, in quanto molti tipi di rocce vulcaniche o di contatto tra magma fusa e sedimenti potevano essere spiegati sperimentalmente.

La chimica della Terra

L'ossigeno costituisce il secondo elemento più abbondante (in peso) dell'atmosfera, ma con quasi il 47% è il primo nella crosta terrestre. Il silicio è il secondo con quasi il 30%, seguito dall'alluminio, il ferro, il calcio, il sodio, il potassio e il magnesio. Tutti gli altri elementi di cui i più importanti sono l'idrogeno, il carbonio, il cloro e pochi altri, ammontano insieme a solo 1,5%. I minerali della crosta terrestre derivano dalla combinazione di questi elementi. Per esempio la calcite, minerale principale del calcare, è composta da carbonio, calcio e ossigeno.

Uno dei gruppi chimici più importanti per lo studio dei minerali e dei magmi è il tetraedro SiO_4, unità fondamentale delle rocce silicatiche. Nel centro vi è un atomo di silicio mentre quattro atomi di ossigeno occupano i vertici (Fig. 4.8). In presenza di altri atomi come ferro, magnesio, calcio o alluminio, i tetraedri non si scindono, ma essendo carichi negativamente, tendono ad attrarre gli ioni positivi intorno a sé.

Quando sono presenti solo ed esclusivamente tetraedri di silicio e nessun altro atomo, essi formano un reticolo dove tutti in i vertici sono in comune con i tetraedri vicini. Si ha così il quarzo, il minerale più comune della crosta terrestre. Spesso i tetraedri sono in presenza di atomi di ferro e magnesio, due elementi comuni nei minerali delle rocce magmatiche. Il ferro e il magnesio non solo hanno abbondanze

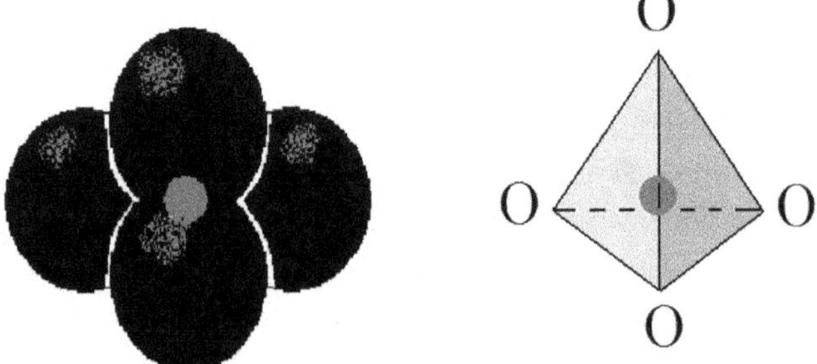

Fig. 4.8 Il tetraedro di silicio e ossigeno. L'atomo di silicio, rappresentato con la sfera al centro, è circondato da quattro atomi di ossigeno

comparabili, ma gli ioni di ferro e magnesio carichi positivamente possono sostituirsi a vicenda senza che la proprietà del minerale cambi di molto.

Se gli atomi di ferro o magnesio sono pochi rispetto ai tetraedri di silicio, le diverse specie minerali si dispongono a sandwich: i tetraedri formano così dei foglietti separati da altri foglietti di ferro o magnesio. Il minerale che ne risulta, la *mica di biotite*, ha una struttura piana, lamellare, e si sfalda in lamine. Se la quantità di ferro-magnesio è più elevata, i tetraedri formano delle strutture a doppia catena. Si tratta del gruppo minerale degli *anfiboli*, di cui fa parte l'*orneblenda*. Quando la quantità di ferro-magnesio aumenta ulteriormente, i tetraedri formano una struttura a catena singola tipica dei minerali chiamati *pirosseni* come l'*augite*. Infine, se ferro e magnesio sono molto abbondanti, essi avvolgono i tetraedri, che non possono più legarsi tra loro. Ne risulta un minerale ricco di ferro e magnesio e povero di silicio, usato anche in bigiotteria. Il suo nome, *olivina*, deriva dal suo colore verde intenso.

Rocce intrusive e rocce vulcaniche

Un minerale è quindi formato da poche specie chimiche distribuite in maniera regolare all'interno di un reticolo cristallino. I minerali si sono formati e si formano continuamente nel sottosuolo terrestre attraverso diversi processi. Vi sono minerali tipici delle alte e delle basse temperature, delle alte e basse pressioni. A causa delle forze che ridistribuiscono i materiali terrestri, i minerali vengono rotti, ricristallizzati, ri-assemblati, oppure fusi. Si formano così le rocce, ovvero aggregati di diversi minerali.

Le rocce formate dal raffreddamento di un magma sono dette *ignee*, dalla parola latina per "fuoco". I geologi riconoscono due tipi di rocce ignee: le rocce *intrusive* (o *plutoniche*) e quelle *effusive* (o *vulcaniche*). Alcune rocce ignee come il granito (roccia intrusiva) sono tra le più diffuse nella crosta terrestre. Il Monte Bianco è formato da un enorme corpo intrusivo granitico. Per ogni roccia intrusiva ve n'è una vulcanica con composizione mineralogica simile. Per esempio la composizione del granito è comparabile a quella della roccia vulcanica chiamata *riolite*. E la roccia vulcanica più comune, il *basalto*, ha come corrispettivo intrusivo il *gabbro*.

La composizione di una roccia non è la sola proprietà interessante; conta anche la distribuzione e l'aspetto cristallino dei diversi minerali componenti. Sia le rocce intrusive che quelle vulcaniche si sono formate a partire dal raffreddamento di roccia fusa. Ma mentre i minerali nelle rocce intrusive si presentano con cristalli di grosse dimensioni, in quelle vulcaniche i cristalli appaiono di solito piccoli e immersi entro una pasta di fondo amorfa o microcristallina (tavola 15).

Questa diversa struttura delle rocce intrusive e di quelle vulcaniche deriva dalla loro storia. Una roccia intrusiva si forma quando il magma resta per lungo tempo all'interno della crosta terrestre e si raffredda assai lentamente, in periodi di milioni di anni. Durante il raffreddamento, cominciano a formarsi alcuni dei cristalli col punto di fusione più alto. Poiché la temperatura si abbassa molto lentamente, i cristalli delle varie specie minerali riescono a crescere fino a raggiungere grandi dimensioni. Alla fine del raffreddamento la roccia appare formata da grossi cristalli che occupano tutto lo spazio a disposizione.

Una roccia vulcanica deriva invece da un magma eruttato alla superficie terrestre in rapido raffreddamento. Solo i cristalli che si formano per primi hanno la possibilità di crescere un po' mentre i minerali successivi finiscono per formare una pasta di fondo con cristalli molto piccoli. Se poi il raffreddamento è rapidissimo, non si forma alcun cristallo ma una roccia amorfa chiamata *ossidiana*.

Le rocce ignee sono classificate sulla base del contenuto di silice, ovvero di un atomo di silicio e due di ossigeno. Come si è detto, la più comune roccia vulcanica è il basalto. È fra le rocce vulcaniche quella più povera di silice (ne contiene meno del 52%) e più ricca di ferro-magnesio. Contiene quindi minerali con pochi tetraedri di silicio come i pirosseni e a volte l'olivina ma non il quarzo, e inoltre minerali a base di potassio, sodio e calcio (chiamati feldspati). Questo tipo di composizione è anche detta *basica* o *mafica*. I basalti si trovano in abbondanza in Islanda o alle Hawaii, affiorano anche in Sud

Italia e in molte altre parti dei continenti. Inoltre, enormi eruzioni basaltiche hanno avuto luogo nelle regioni della Terra come il Deccan o la regione del Columbia in America. Ma è alla base della crosta (vedi §2.1) e in fondo all'oceano che i basalti sono diffusissimi.

La *riolite*, già menzionata, è invece una roccia vulcanica più ricca di silice (oltre il 66%) e quindi povera di ferro e magnesio. Minerali caratteristici sono il quarzo e magari tracce di biotite, anfiboli, e feldspati. Una roccia ignea di questa composizione è denominata *acida* o *felsica*. La riolite è una roccia meno comune del basalto ed è associata a vulcanismo molto esplosivo. Infine vi sono rocce di composizione *intermedia* tra i basalti e le rioliti, contenenti una percentuale di silice tra il 52% e il 66%. La roccia vulcanica intermedia più caratteristica è l'*andesite*, molto diffusa nelle Ande. La Fig. 4.9 mostra un piccolo campionario di rocce ignee.

Ancora una visita al mantello terrestre

Abbiamo ora gli elementi per capire la varietà dei fenomeni vulcanici e il motivo per cui alcuni vulcani danno luogo a colate di lava fluida, mentre altri sono esplosivi.

La storia comincia ancora nel mantello. A una profondità variabile da cento fino a quattrocento chilometri, il mantello è costituito da peridotite (vedi §1.2). La peridotite ha due componenti essenziali: l'olivina (che infatti è anche chiamata *peridoto*), e un pirosseno. Poiché questi due minerali hanno poca silice, anche la peridotite ne contiene poca: circa il 45% o anche meno (per questo è detta roccia *ultrabasica*) mentre è invece ricca di ferro e magnesio.

Nonostante i movimenti convettivi al suo interno, il mantello è prevalentemente solido e non liquido (vedi Cap. 2), un fatto che sorprende sempre i non geologi. Per quale motivo il magma che scaturisce dalle profondità terrestri è liquido?

Tutto inizia quando una parte del mantello, diciamo a 100 chilometri di profondità, fonde. Questo può succedere per diversi motivi. Poiché la temperatura di fusione di un minerale aumenta con la pressione, una diminuzione di pressione può portare a una fusione par-

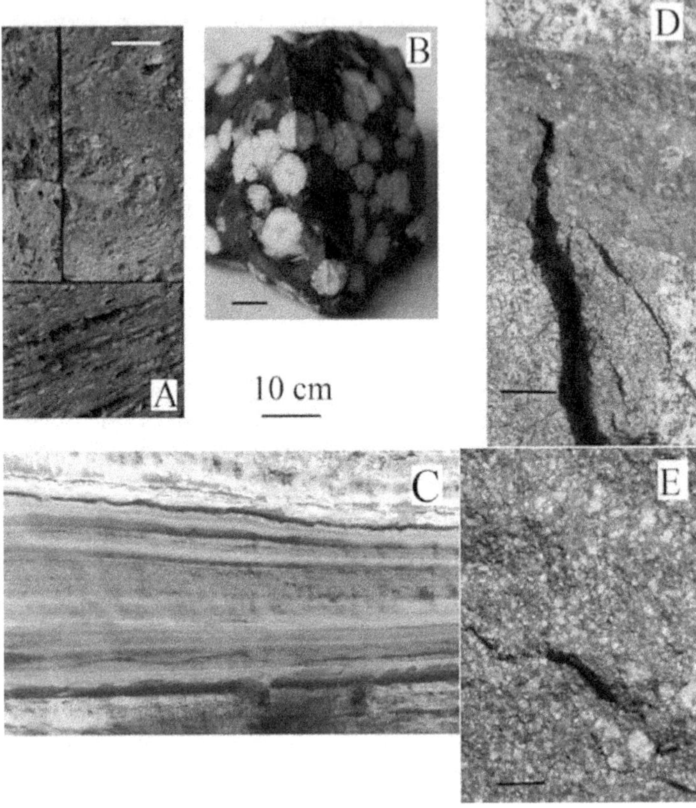

Fig. 4.9 Un piccolo campionario di rocce ignee di composizione acida o intermedia (la linea in ciascuna figura rappresenta 1 cm di lunghezza, eccetto che per la figura C in cui rappresenta 10 cm). A: pomice di Lipari (si noti l'aspetto bolloso); B: ossidiana; C: deposito piroclastico formato dalla deposizione di ceneri e lapilli; Italia centrale; D: una roccia intrusiva granitoide; la parte centrale e quella inferiore sono più scure in quanto più ricche di biotite o orneblenda; E: il porfido quarzifero, roccia piuttosto comune nel nord Italia, è un'ignimbrite, ovvero una roccia antica dovuta alla deposizione di nubi ardenti. Una roccia di composizione basica è invece il basalto mostrato all tavola 2. La figura è riprodotta a colori alla tavola 16

ziale del mantello. Nei margini costruttivi, dove le placche tettoniche divergono tra loro, avvengono notevoli cadute di tensione e pressione che possono portare alla formazione di magma (Fig. 4.10A).

Un secondo processo è l'aggiunta di acqua anche in piccole per-

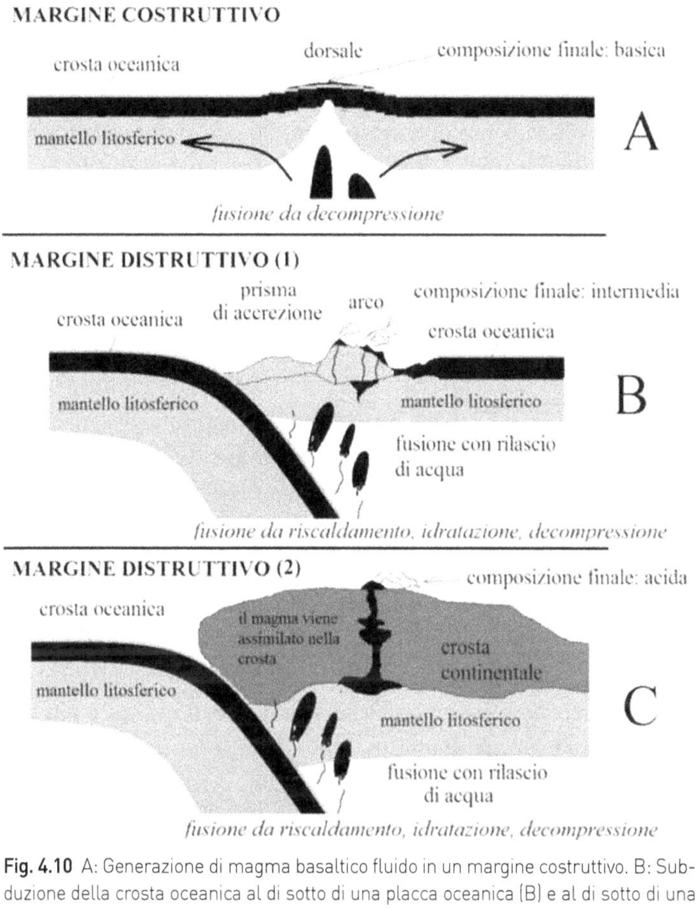

Fig. 4.10 A: Generazione di magma basaltico fluido in un margine costruttivo. B: Subduzione della crosta oceanica al di sotto di una placca oceanica (B) e al di sotto di una placca continentale (C). Nel caso (B), dietro un prisma di accrezione dovuto ai sedimenti raschiati dalla base dell'oceano, si forma un arco insulare con vulcani solitamente di composizione intermedia. Nel caso (C), il magma penetra nella crosta continentale dove può ristagnare per lungo tempo e infine eruttare con vulcani acidi e molto esplosivi

centuali come l'1%. Quando una placca oceanica, ricca di minerali idrati, viene subdotta sotto quella oceanica oppure sotto quella continentale, porta con sé una notevole quantità di acqua. A un certo punto, la litosfera subdotta fonde sia perché il punto di fusione delle rocce litosferiche è più basso di quello delle rocce del mantello, e anche per l'aggiunta di acqua. Viene così generato un magma che risale verso la superficie (Fig. 4.10B e C).

Anche un aumento di temperatura può contribuire alla fusione del mantello. È sufficiente una (chilo) caloria per aumentare di 4 gradi la temperatura di un chilo di peridotite. Con un centinaio di calorie per chilo è quindi possibile raggiungere la temperatura di fusione, ma a questo punto la fusione non avviene subito. È necessario somministrare molta energia per fondere una certa quantità di roccia del mantello senza aumentare la temperatura, chiamata *calore latente di fusione*[6]. L'energia richiesta per fondere la peridotite è molto elevata: circa 100 (chilo) calorie per ogni chilogrammo di roccia fusa. Nelle zone di subduzione viene generato calore di attrito dalla zolla che si muove verso il basso e anche questo calore contribuisce alla generazione di magma dal mantello.

Il percorso del magma fuso

Una volta formatosi un certo volume di magma a partire dalle rocce del mantello e della litosfera subdotta, resta da spiegare come esso possa migrare verso la superficie. Essendo fuso, il magma è più leggero del mantello circostante, ma ha sopra di sé un tetto di centinaia di chilometri di rocce solide all'apparenza impermeabili.

Se il magma è poco viscoso, migra di preferenza attraverso gli interstizi tra i granuli del cristalli del mantello parzialmente fusi, un po' come l'acqua in un mezzo poroso. Inoltre le zone vulcaniche sono spesso sottoposte a enormi sforzi e deformazioni che provocano fratture e piani di scorrimento lungo i quali il magma può scorrere più facilmente.

Durante il suo percorso verso l'alto, il magma può restare quasi integro oppure venir contaminato. Nel primo caso la sua composizione sarà quella del materiale che si è fuso. Se questo era mantello "puro"

---

[6] Il fenomeno si osserva giornalmente nel cuocere la pasta. Quando l'acqua bolle nella pentola, la temperatura rimane fissa a cento gradi in quanto l'energia data dal fornello è utilizzata per produrre vapore e non per aumentare la temperatura.

come nella situazione in Fig. 4.10A, il magma che scaturisce alla superficie terrestre è ricco di ferro e magnesio e povero di silice.

Ora, la *viscosità*[7] di un magma aumenta con la percentuale di silice. Questo perché i tetraedri di silicio (Fig. 4.8) tendono a polimerizzare, ovvero si legano tra loro con legami difficili da rompere. Quando un magma contiene poca silice, i tetraedri di silicio sono separati e questo conferisce al magma una notevole fluidità e bassa viscosità. Di conseguenza[8] i vulcani che emettono colate di lava fluida sono poco esplosivi, come nei margini costruttivi in cui le placche tettoniche divergono e si formano delle dorsali oceaniche di magma basaltico (Fig. 4.10A).

Se invece il magma si origina dalla crosta oceanica in subduzione (Fig. 4.10B), allora esso ha fin dall'inizio una composizione un po' diversa da quella del mantello proprio a causa della contaminazione da parte della litosfera subdotta. In particolare ha più silice e i vulcani che ne risultano hanno magma più viscoso e sono più esplosivi; formano archi insulari di isole come per esempio l'arcipelago delle Aleutine o le isole indonesiane.

Un magma quasi solido

Quando invece la subduzione avviene al di sotto di una placca continentale (Fig. 4.10 C), il magma deve farsi strada anche attraverso la spessa crosta continentale (Fig. 4.11). Il magma che risale nella crosta si raffredda e alcuni dei suoi minerali possono cristallizzare. Il primo della lista è quello con il punto di fusione più elevato[9]: l'olivina. L'olivina, che è pesante a causa dell'elevato contenuto di ferro e ma-

---

[7] La viscosità è un concetto chiave per comprendere la varietà dei fenomeni vulcanici: è definita come la resistenza di un fluido a sforzi di taglio. Se versiamo dell'acqua su una superficie piana e inclinata, l'acqua scorre via rapidamente. Il miele scorre molto più lentamente a causa della sua viscosità da cento a mille volte maggiore. La viscosità di un magma basaltico è dell'ordine di cinque-diecimila volte quella dell'acqua, la stessa della colla liquida.

[8] Il motivo è chiarito meglio nel paragrafo successivo "meccanismo di un'eruzione vulcanica" (→ 4.3).

[9] Anche la solubilità gioca un ruolo importante; qui il ragionamento è semplificato.

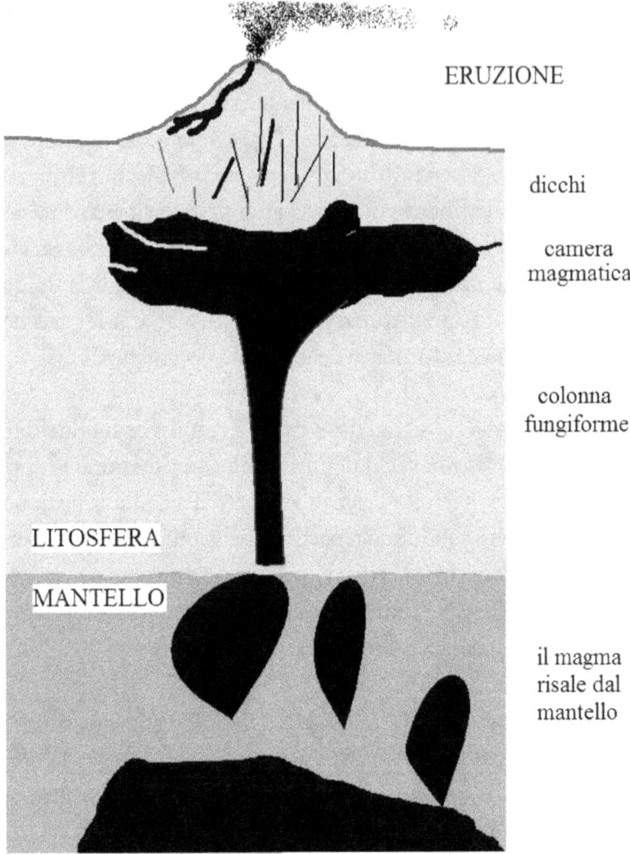

Fig. 4.11 Meccanismi di contaminazione di un magma proveniente da una zona di subduzione attraverso la crosta continentale (la figura può essere vista come un ingrandimento della Fig. 4.10 in basso). Il magma in risalita subisce contaminazioni che rendono assai più viscoso. La silice conferisce enorme viscosità al magma in quanto i tetraedri tendono a unirsi tra loro formando catene difficili da rompere. Inoltre un magma ricco di silice è in genere più freddo, e anche questo fattore aumenta la viscosità

gnesio, può migrare verso il basso nella polla di magma. Il magma risulta così impoverito di ferro e magnesio e arricchito di silice. I prossimi minerali a cristallizzare sono gli anfiboli. Anche loro hanno un contenuto di ferro e magnesio elevato, anche se non come l'olivina. Il magma diventa ancora più ricco di silice e povero di ferro e magnesio. È poi la volta dei pirosseni e infine della biotite, in cui i tetraedri di silicio si distribuiscono in lamelle. Quando il magma è composto dai soli tetraedri di silice, cristallizza in forma di quarzo. A partire dal magma iniziale si è quindi ottenuto un magma via via più ricco di silice, un processo chiamato *cristallizzazione frazionata*[10].

Inoltre, mano a mano che il magma migra verso l'alto, può fondere ampie zone della crosta. Nuovi minerali vengono così inglobati nel magma in un processo chiamato *assimilazione*. Poiché la crosta continentale è più ricca di silice di quanto non sia il mantello, l'assimilazione produce un ulteriore aumento della silice.

A causa di questi processi, il magma attraverso la crosta continentale diventa più ricco di silice, più acido, più viscoso. Ne risultano viscosità oltre dieci miliardi di volte maggiore di quella dell'acqua. A volte il magma è così viscoso che la sua risalita nella crosta avviene solo per polle di magma molto grandi[11]. I vulcani che derivano da questo tipo di magma sono quindi assai esplosivi.

La Fig. 4.11 mostra quattro stadi di formazione di un vulcano con magma molto viscoso: la produzione di magma nel mantello, la migrazione del magma fuso verso l'alto, la raccolta di magma in una camera magmatica, e infine il trasporto in superficie che dà luogo all'eruzione vera e propria.

---

[10] Questa evoluzione del magma venne chiarita, per la prima volta da Bowen e quindi la serie di minerali olivina → anfiboli → pirosseni → biotite → quarzo è nota anche col nome di serie di Bowen discontinua in quanto la transizione tra due specie minerali è netta. Esiste anche una serie di Bowen continua che riguarda i feldspati di sodio e calcio noti come plagioclasi. Anche il potassio, cha forma minerali detti *K-feldspati*, è importante nell'evoluzione magmatica. La storia della produzione dei magmi e della loro risalita è in realtà molto più complessa. Per esempio, diversi magmi provenienti da diverse regioni del mantello o della crosta possono incontrarsi e scambiare parte del loro materiale, modificando così la composizione chimica.

[11] Nel sottosuolo vicino a Salisburgo vi sono enormi depositi salini già noti ai celti. Originatisi dall'evaporazione di acqua marina, i depositi vennero in seguito sepolti da sedimenti. Poiché il sale è più leggero della maggior parte delle rocce sedimentarie, nonostante la grande viscosità esso tende a tornare in superficie come una bolla di olio nell'acqua, formando delle strutture chiamate diapiri. In analogia coi diapiri di sale, anche il magma fuso ricco di silice è meno denso della roccia circostante (una roccia liquida è meno densa di quella solida di circa il 10%) e può quindi migrare verso l'alto nonostante l'elevata viscosità, ma solo se la polla di magma è sufficientemente grande.

Distribuzione dei vulcani e tettonica delle placche

Fu Giordano Bruno a notare per primo come i vulcani appaiano di preferenza vicino alle coste. Anche se il campionario di vulcani a lui noto era molto limitato, l'osservazione è corretta. Bruno, giustiziato nel 1600 per teorie eretiche sui "molteplici mondi", dedusse che le eruzioni sono provocate dall'acqua del mare. Sappiamo oggi che questo è vero per una minima parte delle eruzioni vulcaniche, le eruzioni freatiche. La disposizione non casuale dei vulcani rispecchia invece qualcosa di assai più profondo: la dinamica interna della Terra.

La Fig. 4.12 (riprodotta alla tavola 17) mostra con dei punti rossi la posizione dei vulcani terrestri e sottomarini insieme alle principali placche tettoniche. I vulcani si distribuiscono grosso modo lungo le seguenti aree:

1) Le zone di importanti sforzi tettonici lungo i continenti, come per esempio l'area Alpino-Hymalayana, in blu nella figura. Esempi: Etna, Vesuvio e gli altri vulcani italiani, vulcani greci. Questi magmi sono stati fortemente contaminati dalla crosta continen-

Fig. 4.12 Distribuzione dei vulcani nel mondo. La figura è riprodotta a colori alla tavola 17. Cortesia NASA/Goddard Space Flight Center

tale e possono essere molto viscosi, anche se sono presenti anche i basalti.

2) Fasce di vulcani esplosivi (sempre in blu nella figura) seguono i contorni intorno agli oceani Indiano e Pacifico. Sono le zone dove la litosfera oceanica viene subdotta al di sotto di quella oceanica oppure continentale. Qui la distribuzione dei vulcani appare ancora più netta, spesso collegata agli archi insulari. Nella zona indonesiana vi sono numerosi vulcani tra cui il Krakatoa, il Merapi, il Tambora. All'altezza dell'Indonesia orientale la linea si sdoppia e prosegue nelle Filippine con vulcani come il Mayon e il Pinatubo e in Giappone con il Fuji e Unzen. Verso sud, la linea dei vulcani prosegue in Nuova Guinea con il Monte Lamington e termina in Nuova Zelanda. Dal Giappone la linea della cintura di fuoco prosegue nelle Aleutine del sud Alaska (monte Katmai), per continuare verso il margine pacifico degli Stati Uniti, dove si trovano il Monte Rainier e il St. Helens. La linea continua in America centrale (Nevado del Ruiz, Cotopaxi, Tungurahua) e poi in America Meridionale (Cerro Hudson). Le Piccole Antille, con gli importanti centri vulcanici di Soufriere Hills, Soufriere, Monte Pelée e La Soufriere, sono dislocati verso Est rispetto alla linea principale. Da quanto detto, questi magmi sono arricchiti di silice rispetto ai basalti. Le rocce corrispondenti sono andesiti, rioliti, fonoliti.

3) I vulcani delle dorsali oceaniche sono tutti sottomarini, con l'eccezione dell'Islanda. Hanno prevalente composizione basaltica. Al di sotto del basalto appaiono i gabbri, rocce con la stessa composizione dei basalti ma solidificate in tempi più lunghi e a maggiore profondità.

4) La linea di vulcani africani che parte dal golfo di Aden e continua verso sud, comprende il Kilimanjaro e l'Oldoinjo Lengai. Non si tratta di un confine tra placche ma di una fossa tettonica, una zona in fase di apertura: una futura dorsale oceanica.

5) Vi sono anche edifici vulcanici nel mezzo delle placche tettoniche. Per esempio, sugli oceani le isole Hawaii nel Pacifico e le Canarie nell'Atlantico. In altri casi, queste zone vulcaniche isolate

possono affiorare sui continenti. È il caso della zona di Yellowstone in America. Si tratta di vulcani formati da un punto caldo alla superficie terrestre, dovuto a un pennacchio proveniente dal confine tra il mantello e il nucleo terrestri ($\rightarrow$ 6.2).

6) Alcuni vulcani hanno dato luogo nel passato geologico a imponenti effusioni laviche, come per esempio nel Deccan (India)[12].

4.3 Tipi di eruzioni vulcaniche

Classificazione di Lacroix

Il vulcanologo francese Alfred Lacroix (1863-1948) propose una classificazione delle eruzioni vulcaniche basata su lavori precedenti di Scropes, Dana, Stoppani e Mercalli, in uso ancora adesso con alcune modifiche. La prima categoria di Lacroix è quella delle *eruzioni vulcaniche di tipo hawaiiano* (Fig. 4.5). Si tratta di effusioni di abbondante lava basaltica calda e fluida.

Le eruzioni vulcaniche di tipo *stromboliano* prendono ovviamente il nome da Stromboli, il vulcano italiano delle isole Eolie. Il vulcano è in attività costante e regolare da tempi immemorabili, ed erutta soprattutto lave e scorie anche con deboli esplosioni. Le eruzioni hanno formato il tipico cono vulcanico che si estende verso il mare.

Non lontano da Stromboli vi è l'isola di Vulcano, che dà il nome al tipo di eruzione *vulcaniana*. I Romani ritenevano che qui vi fossero le porte per l'Ade e che il dio Vulcano avesse la sua fucina. L'isola di Vulcano diede così il nome al vulcano come fenomeno geologico. La lava di Vulcano è più viscosa di quella di Stromboli, e le eruzioni sono più violente.

Nella vecchia classificazione di Lacroix le eruzioni del Vesuvio cadevano in questa categoria. Oggi invece si preferisce definire una nuova classe, quella delle eruzioni vulcaniche di tipo *pliniano*. Queste non prendono il nome da una località ma dal nome di Plinio il Giovane che descrisse per primo l'immane eruzione del Vesuvio del

---

[12] Queste provincie vulcaniche verranno considerate nel secondo volume.

79 d.C. dove morì suo zio, Plinio il Vecchio. Le eruzioni pliniane sono ancora più violente di quelle vulcaniane e capaci di iniettare tephra ad altezze di decine di chilometri. Le forme dei vulcani sono quelle classiche a cono, ma spesso i coni si distruggono in eruzioni parossistiche e se ne formano di nuovi.

L'ultima catergoria di Lacroix prevede le eruzioni di tipo *Peléeano*, dal nome del monte Pelée, il vulcano da lui meglio studiato. In questi vulcani la viscosità del magma, di tipo acido, è ancora maggiore; la pressione interna cresce enormemente, fino a che non avviene un'esplosione catastrofica.

Nelle eruzioni di tipo *islandese*[13] la lava si fa strada non attraverso una regione centrale, ma lungo fessure lineari, per poi espandersi dalle due labbra opposte della fessura. La lava, di tipo basaltico, è di solito molto fluida. Con eruzione *surtseyana* si intendono infine situazioni esplosive dovute al contatto della lava con l'acqua[14].

È importante ricordare che la classificazione di Lacroix si riferisce al tipo di attività, non necessariamente al vulcano che dà il nome. Per esempio, molti vulcani del mondo possono manifestare attività stromboliana durante parte della loro vita geologica.

Meccanismo di un'eruzione vulcanica

Finora abbiamo seguito il percorso del magma dal mantello verso la superficie terrestre. Vediamo ora cosa succede negli ultimi chilometri verso la superficie dove avviene l'eruzione vera e propria. A questo punto ogni libro evoca il paragone con una bottiglia di acqua gassata. Mentre una bottiglia di acqua liscia non ha sostanze aggiunte, l'acqua gassata contiene anidride carbonica. Alla pressione atmosferica e temperature normali, l'anidride carbonica è gassosa. Si tratta infatti del gas che produciamo con la respirazione. In una bottiglia di acqua gassata, l'anidride carbonica rimane in forma liquida a causa dell'alta pressione all'interno della bottiglia. Quando la bottiglia viene

---

[13] Alcune di queste categorie non sono state introdotte da Lacroix ma da altri vulcanologi.
[14] Surtsey è un vulcano islandese sorto dal mare nel 1963.

aperta, soprattutto se è calda e se è stata agitata (l'agitazione favorisce la nucleazione, cioè la formazione di bolle) l'anidride carbonica passa finalmente allo stato gassoso. Bollicine si formano qua e là, e risalendo veloci verso l'alto perché più leggere, trascinano l'acqua con sé. Avviene così una vera e propria eruzione di acqua minerale, molto simile a un'eruzione vulcanica.

I magmi contengono molti gas chiamati anche *volatili*, soprattutto anidride carbonica e vapore (qualcosa come 5-10% di acqua in peso). Se la pressione del magma è elevata, i gas rimangono disciolti in soluzione. Mano a mano che il magma si avvicina alla superficie, l'abbassamento progressivo della pressione causa il passaggio dei gas dallo stato liquido a quello gassoso. A questo punto entra ancora in gioco la viscosità. Se il magma è basaltico e quindi poco viscoso, le bolle risalgono verso l'alto trascinandolo con sé verso la superficie[15]. L'eruzione è tranquilla come lo sgorgare dell'acqua minerale dal collo della bottiglia e forma colate laviche come nel caso delle eruzioni hawaiiane e islandesi.

Mentre in un magma basaltico le bolle possono essere un po' di tutte le dimensioni (Fig. 4.13), in uno più viscoso esse sono numerose e di piccolo volume, e non riescono a sgorgare facilmente dal condotto vulcanico. Possono così rompere il magma viscoso in numerosi frammenti. Si sviluppano inoltre elevate differenze di pressione all'interno della camera magmatica, che viene così divisa in tre parti. Nella parte inferiore a pressione più elevata i gas sono disciolti e vi sono poche bolle. Nella parte intermedia si formano delle bolle che muovendosi verso l'alto aumentano di volume (il gas si espande verso l'alto) e numero. Infine, nella parte superiore le bolle possono far accelerare il magma in maniera violenta. L'accelerazione del magma nel condotto può perfino superare la velocità del suono, sparando il materiale ormai solido come una canna di fucile. Così si originano le *eruzioni pliniane*. Eruzioni di dinamica simile ma un po' meno violente di quelle pliniane (come quelle del Vesuvio del 1631) sono dette *subpliniane*. Nel

---

[15] I magmi basaltici contengono inoltre meno gas di quelli con più silice.

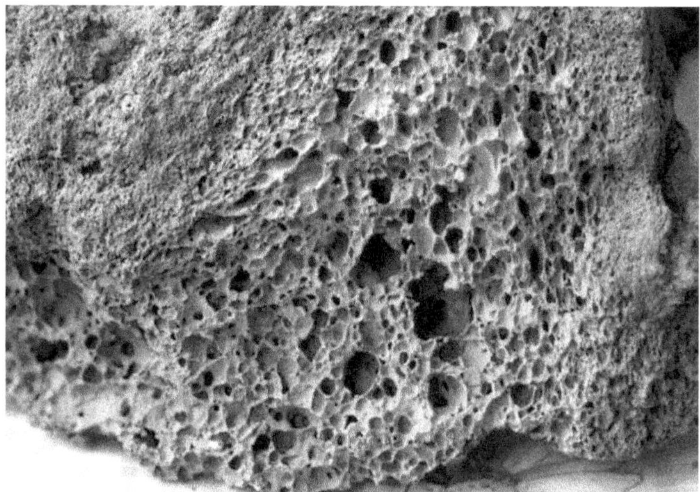

Fig. 4.13 Le bolle in un campione di lava conferiscono un aspetto spugnoso. Etna

caso delle eruzioni *peléeane*, il tappo di magma sigilla i gas sottostanti che aumentano notevolmente di pressione fino a un'esplosione.

Eruzioni Hawaiiane

Sull'isola grande appaiono cinque vulcani attivi, fra i più studiati dai vulcanologi e molto visitati dai turisti: il Mauna Loa, il Mauna Kea, il Kilauea, il Kohala, e Hualalai. Le lave basaltiche Hawaiiane sono molto fluide e durante un'eruzione possono raggiungere rapidamente il mare. A volte, come mostra la Fig. 4.5, si raffreddano in strutture a corde (chiamata anche *pahoehoe* nella lingua locale, un termine poi importato nella letteratura vulcanologica mondiale), mentre se la lava solidifica formando dei blocchi si parla di lava *a'a*, un nome onomatopeico che indica il verso di dolore di chi ci cammina sopra a piedi nudi. Il Mauna Loa è il maggior vulcano del mondo in termini di volume (75 chilometri cubi) e area occupata e ha eruttato recentemente nel 1984. Più nota è l'eruzione del 1950, preceduta da scosse di terremoto. Le colate laviche raggiunsero la notevole velocità di circa dieci metri al secondo, distruggendo strade e abitazioni, ma senza causare vittime.

Il Mauna Kea ha eruttato per l'ultima volta oltre quattromila anni fa. L'edificio vulcanico raggiunge un'altezza di 4205 metri sul livello del mare ma poiché poggia a seimila metri di profondità, in totale è alto oltre diecimila metri. Infine il Kilauea, famoso per il lago di lava dell'Halemaumau, oggetto di numerosi importanti studi vulcanologici.

Sono questi fra i vulcani meno pericolosi in quanto le lave fluide e poco viscose, anche se spesso rapide, hanno un movimento prevedibile che consente un'evacuazione. L'unico pericolo locale si presenta quando il magma raggiunge il mare. Allora l'acqua vaporizza all'istante generando una modesta esplosione freatica. Da questi edifici vulcanici si possono però formare enormi frane sottomarine di enorme portata catastrofica ($\rightarrow$ vol. 2).

Eruzioni Stromboliane

Poche decine di chilometri a nord di Milazzo spuntano dal mare di Sicilia le Eolie, fra le più belle mete turistiche mediterranee. L'arcipelago comprende sette isole principali: Lipari, Stromboli, Vulcano, Panarea, Salina, Alicudi e Filicudi. Proprio a causa della loro natura vulcanica, furono abitate già dal V millennio a.C.. L'ossidiana o vetro vulcanico, di cui Lipari è ricchissima, rappresentava una delle risorse naturali più importanti dell'epoca, come sarebbe oggi il petrolio. Infatti sull'ossidiana e sulla selce era basata una grande fetta della tecnologia dell'età della pietra: coltelli, raschiatoi, armi. Solo con l'età del rame le isole persero la loro importanza economica.

Due isole sono ancora vulcanicamente attive: Vulcano e Stromboli. Stromboli è in attività persistente dal almeno duemila anni, tanto da meritarsi l'appellativo di "Faro del Mediterraneo" (Fig. 4.14). È un vulcano gigantesco in quanto si eleva di almeno 3000 metri dal fondo del mare. Di tanto in tanto entra in fasi eruttive più spinte come nel 2002, quando vi furono anche frane e tsunami di cui scriveremo in seguito ($\rightarrow$ vol. 2).

L'eruzione più importante del XX secolo fu però quella del 1930, quando il vulcano eiettò bombe vulcaniche a grande distanza. L'eruzione fu immortalata anche nel film *Stromboli* di Roberto Rossellini

Fig. 4.14 Stromboli è anche battezzato il faro del Mediterraneo per via del suo stato di attività millenario. Sopra: immagine notturna di un'eruzione. Sotto: la Sciara di fuoco, lungo la quale scorre la lava e ogni tanto precipitano frane di grande volume

con Ingrid Bergmann. Stromboli dà anche il nome al tipo di eruzione stromboliana, che interessa molti vulcani del mondo.

In una tipica eruzione stromboliana, il magma poco viscoso ribolle come una zuppa in un pentolone. Quando più bolle coagulano in una bolla unica più grossa così da sviluppare una maggiore forza verso l'alto, si formano enormi bolle aventi lo stesso diametro del condotto magmatico. Queste giungono alla superficie e poi esplodono lanciando frammenti di magma nell'aria. La lava può anche traboccare dal cratere centrale dando luogo a colate laviche che discendono lungo il cono vulcanico.

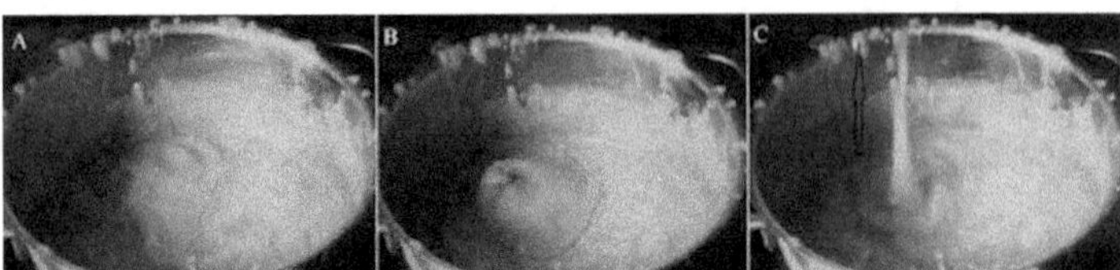

Fig. 4.15 Un semplice modello delle eruzioni stromboliane basato sull'osservazione della zuppa in una pentola riscaldata dal basso con un fuoco vivace. In A si forma una bolla che fa rigonfiare la superficie del liquido. In B la bolla sta per scoppiare e in C lo scoppio ha eiettato materiale fluido a grande distanza

Un semplice esperimento illustra la natura delle esplosioni stromboliane e più in generale l'importanza della viscosità nello stile di un'eruzione vulcanica. Una pentola di zuppa viene riscaldata sul fuoco (Fig. 4.15). In A, una bolla si sta formando dalla base (sotto la linea tratteggiata). Poiché la zuppa è piuttosto viscosa, la bolla si muove lentamente verso l'alto senza esplodere subito, come invece farebbe con un liquido poco viscoso come l'acqua. In B la bolla sta esplodendo (zona cerchiata). Il gas sotto pressione, in questo caso l'aria, si libera improvvisamente schizzando verso l'alto la zuppa bollente (C).

5. Vulcani pericolosi

5.1 I pericoli dei vulcani

Quanto uccidono i vulcani?

Per quanto appariscenti, le eruzioni vulcaniche hawaiiane e stromboliane uccidono raramente. Altri tipi di attività vulcanica possono essere assai più pericolose. La Tabella 5.1 mostra il numero di vittime delle eruzioni vulcaniche dal 1900 a oggi. Il disastro peggiore è stato l'eruzione d'inizio XX secolo alla Martinica che distrusse St. Pierre e uccise tutti i suoi abitanti; al secondo posto l'eruzione del Nevado del Ruiz in Colombia con le sue micidiali colate di fango sulla città di Armero.

Tabella 5.1 Le eruzioni vulcaniche dal 1900 a oggi in termini di numero di vittime. Tratto da: "EM-DAT: The OFDA/CRED Internet Disaster Database www.em-dat.net – Universitè Catholique de Louvain – Brussels – Belgium"

Nazione (e vulcano)	Data	Numero di vittime
Martinica (M. Pelée)	08/05/1902	29.025
Colombia (Nevado del Ruiz)	13/11/1985	21.800
Guatemala (Santa Maria)	24/10/1902	6.000
Indonesia (Kelut)	20/05/1919	5.000
Guatemala (Santiaguito)	1929	5.000
Papua New Guinea (Monte Lamington)	15/01/1951	3.000
Camerun (Nyos)	24/08/1986	1.746
Indonesia (Monte Agung)	03/01/1963	1.584
St Vincent (La Soufriere)	07/05/1902	1.565
Indonesia (Merapi)	1930	1.369

Prima del XX secolo vi sono state eruzioni vulcaniche ancora più grosse. Il 5 aprile 1815, il Tambora in Indonesia eruttò quasi 100 chilometri cubi di materiale, lasciando un cratere di dieci chilometri di diametro. Fu l'eruzione con la maggior produzione di tephra in tempi storici. Circa 8.000-10.000 persone morirono nell'esplosione, ma il numero di vittime della carestia successiva che colpì le isole vicine fu dieci volte maggiore. L'eruzione ebbe anche grandi ripercussioni climatiche. Il 26 e 27 dicembre 1883, il Krakatau (meno propriamente Krakatoa) in Indonesia (tra Giava e Sumatra) ebbe una serie di eruzioni esplosive udite a migliaia di chilometri di distanza. Le eruzioni e lo tsunami uccisero oltre 36.000 persone.

La Tabella 5.2 riunisce gli undici peggiori disastri vulcanici in termini di numero di vittime e indica anche la causa principale di morte. Come si vede, non è sempre l'impatto diretto dei materiali vulcanici

Tabella 5.2 Le undici peggiori catastrofi vulcaniche della storia e principale causa della morte

Nazione (e vulcano)	Anno	Numero di morti	Principale causa di mortalità
Indonesia (Tambora)	1815	117000	Fame
Indonesia (Krakatoa)	1883	36417	Tsunami
Martinica (Pelée)	1902	29025	Flussi piroclastici
Colombia (Nevado del Ruiz)	1985	23000	Lahar
Giappone (Unzen)	1792	14300	Collasso vulcanico; tsunami
Islanda (Laki)	1783	9350	Fame
Grecia (Santorini)	1600 a.C.	Non noto	Flussi piroclastici; tsunami
Guatemala (Santa Maria)	1902	6000	Flussi piroclastici; lahar
Indonesia (Kelut)	1919	5160	Lahar
Indonesia (Galunggung)	1822	4011	Lahar
Italia (Vesuvio)	1631	3500	Lahar, lava
Italia (Vesuvio)	79	3500	Lahar, gas

a uccidere. In generale i rischi delle catastrofi naturali si dividono in tre tipi. I rischi primari sono dovuti all'impatto diretto. Nel caso delle eruzioni vulcaniche, esempi di rischi primari sono le colate di lava e le nubi ardenti. I rischi secondari non sono indotti direttamente dal vulcano, ma da fenomeni provocati dal vulcano come per esempio le frane, gli tsunami, o le colate di fango (lahar). I rischi secondari possono quindi giungere in ritardo rispetto all'eruzione vera e propria e colpire anche regioni molto lontane. Infine, i rischi terziari derivano dall'impatto contro strutture umane come dighe, impianti di elettricità e nucleari, ma anche dalle carestie dovute alla caduta di tephra sul terreno coltivabile.

Contrariamente ai terremoti o alle frane, le morti provocate dai vulcani avvengono spesso in occasione di grandi, catastrofiche eruzioni; eruzioni minori possono essere molto distruttive ma fanno di solito poche vittime. Contrariamente ai terremoti, i vulcani mostrano infatti segni inequivocabili prima di colpire e lasciano spesso il tempo di evacuare il territorio. Vediamo ora sistematicamente i diversi tipi di rischio associato alle eruzioni vulcaniche.

Le colate di lava

Tra i rischi vulcanici sono forse le colate laviche a impressionare di più. Nei documentari si vede spesso una sinistra luce rossa aprirsi sotto rocce incandescenti come a ricordare le porte dell'inferno. Forse è per questo che gli autori del film catastrofico *Volcano* del 1997 hanno scelto di terrorizzare gli spettatori con spettacolari colate laviche. Un improbabile vulcano si forma improvvisamente sotto Los Angeles, una delle città più produttive degli USA. Non vi sono grosse esplosioni; il vulcano, nato dal nulla come il messicano Paricutin, emette piuttosto spaventose colate. Dopo vari tentativi si riesce ad arrestare le colate con spruzzi di acqua e a dirigerle verso il Pacifico.

In realtà le colate laviche non sono tra i prodotti più pericolosi di un vulcano in quanto si formano soprattutto con magmi poco viscosi e quindi scarsamente esplosivi. La velocità di una colata lavica dipende dall'inclinazione del vulcano, dal tasso di emissione del magma, dallo spessore della colata e soprattutto dalla viscosità. Di solito non supera qualche chilometro all'ora, una velocità che consente di evacuare le zone a rischio. Tuttavia, alcune colate sono scese così rapidamente da investire persone e cose come incandescenti fiumi in piena. Nel 1977 il cratere del Niragongo in Zaire si svuotò improvvisamente rilasciando rapidissime colate lungo i fianchi. La lava impiegò solo venti minuti per coprire i dieci chilometri di distanza dal cratere e gli abitanti di Goma non ebbero il tempo di fuggire. Colate Hawaiiane possono eccezionalmente raggiungere i 60 chilometri all'ora. In generale, velocità così elevate sono però sostenute per un tempo breve. Questo perché mano a mano che la lava scende, si raffredda sia per l'emissione di radiazione (luce, infrarosso), sia per il contatto con l'aria e con la base rocciosa. Poiché la viscosità dipende in maniera drammatica dalla temperatura, un raffreddamento di soli 100-200 gradi fa precipitare la velocità del magma.

Se le persone hanno in genere il tempo di scampare alle colate laviche, la distruzione di manufatti o addirittura intere città è però inevitabile. Una colata lavica è come un bulldozer incandescente che travolge ponti, copre campi arati, distrugge case. Non è facile prevedere il decorso preciso di una colata, a parte il fatto ovvio che deve seguire il gradiente del pendio. Potrebbe però arrestarsi in maniera imprevista, oppure cambiare direzione di marcia lasciando la popolazione nell'angoscia per tutta la durata dell'eruzione. A volte le colate formano una buccia di materiale solido e continuano a scorrere al di sotto. Si tratta dei famosi tunnel di lava in cui lo strato isolante solidificato mantiene il calore all'interno della colata, permettendole di riemergere a grandi distanze con una temperatura ancora molto alta.

Le colate dell'Etna hanno in passato distrutto vaste aree e continueranno a farlo. Una delle eruzioni più importanti cominciò la mattina dell'11 marzo 1669. All'inizio vi furono solo piccole esplosioni dal cratere centrale e qualche terremoto. Nella notte tra l'11 e il 12 e durante il giorno successivo, si aprirono numerose bocche dalle quali sgorgarono fiumi di lava. Dopo aver formato il maggior cono avventizio dell'Etna, il Monti Rossi, le lave coprirono numerosi centri come

Misterbianco, San Pietro e Nicolosi. Verso la fine del mese una grossa colata aveva raggiunto Catania, distruggendone una buona parte prima di finire nel mare. A questo punto alcuni catanesi coperti da pelli di animali inzuppate nell'acqua cercarono di alterare il corso della lava con dei picconi. Vi stavano riuscendo e la lava sembrò fluire verso Paternò. Questo fece infuriare i paternesi, che armati alla buona sconfissero i catanesi in una scaramuccia al calor rosso. La colata riprese così il suo corso e le autorità decretarono che in futuro le colate debbano fluire dove la Provvidenza le ha destinate.

Solo in tempi recenti il tentativo di modificare il corso di una colata lavica è riuscito perfettamente, proprio sull'Etna. Nel 1983 si deviò l'avanzamento di una colata verso un canale artificiale. Ancora nel 1992, in occasione dell'eruzione più importante dal 1669, furono usate sette tonnellate di esplosivo per far saltare gli argini di una colata che minacciava Zafferana Etnea. La deviazione in un canale artificiale riuscì perfettamente e il paese fu salvo[1]. La Fig. 5.1 mostra una colata recente dell'Etna e una del Kilauea sull'isola grande delle Hawaii.

Cupole di ristagno, base surge e nubi ardenti

Quando il magma è molto viscoso, il gas è incapace di trascinarlo al di fuori della bocca eruttiva in modo tranquillo. Il magma quindi ristagna formando delle cupole o spine. A volte la spinta dei gas muore nel tempo e la cupola finisce per sigillare l'antico condotto vulcanico per milioni di anni. In seguito, l'erosione erode la parte superficiale dell'edificio vulcanico, mettendo in rilievo il profilo della cupola di ristagno, meno erodibile. Si formano così i cosiddetti *neck vulcanici* (che possono anche essere basaltici come la famosa Devil's Tower del Wyoming), veri e propri "tappi" naturali Fig. 5.2).

Altre volte l'evoluzione dell'apparato vulcanico è assai più drammatica. I gas sotto pressione premono contro il magma estremamente viscoso e in alcuni casi il magma solido si accumula a formare inquietanti spine o obelischi (Fig. 5.3). La pressione dei gas sale; ma così anche

---

[1] Si veda per esempio Barberi, Santacroce e Carapezza (2005).

Fig. 5.1 Sopra: Colata recente dell'Etna. Sotto: una colata del Kilauea nell'isola grande delle Hawaii. La lunghezza di una colata lavica dipende dalla durata dell'eruzione, dalla pendenza locale dei fianchi e soprattutto dalle proprietà fisiche del magma come la viscosità

la resistenza opposta dal magma, fino a raggiungere un punto in cui la pressione dei gas diventa incontenibile. In pochi istanti un'esplosione

Fig. 5.2 La cupola di ristagno di Radicofani (Siena) ha 1,3 milioni di anni. A destra: il neck di Strombolicchio al largo di Stromboli, isole Eolie

Fig. 5.3 L'inquietante guglia del Monte Pelée sull'isola di Martinica (piccole Antille). Fotografia eseguita nel maggio 1903, un anno dopo l'eruzione che distrusse la capitale dell'isola, St. Pierre. Le persone alla base danno il senso della scala. Da Lacroix

riduce in polvere il tappo e parte dell'edificio vulcanico. Questa esplosione basale, chiamata *base surge*, è simile a quella osservata nelle esplosioni nucleari. È capace di sparare nell'aria una miscela di gas e materiale piroclastico a una velocità di 150 chilometri all'ora e in alcuni casi fino a oltre 1000 chilometri all'ora! Oltre alla forza d'urto capace di radere al suolo tutto quanto sia in piedi lungo il percorso, il materiale solido sospeso nell'aria ha un enorme potere abrasivo. Un'eruzione di questo tipo fu quella quella del Bandai (Giappone). Dopo un millennio di quiete, il vulcano si svegliò la mattina del 15 luglio 1888 alle 7.45 con esplosioni che polverizzarono 300 metri della cima creando un base surge. Enormi bombe vulcaniche furono lanciate a migliaia di chilometri di altezza e a fine giornata si contarono 500 morti.

Spesso il base surge segna solo l'inizio di un'eruzione molto violenta. Una volta saltato il tappo, il materiale incandescente nella parte centrale del vulcano viene ridotto in cenere. Mescolata a gas, le ceneri formano una *nube ardente*, una nuvola di colore rosato che concentra tutto quanto può esservi di mortale in un vulcano. In primo luogo è densa e caldissima. Sono stati misurati fino a 3500 gradi, anche se di solito le temperature sono sui 1000 gradi. La presenza di materiale solido la rende più pesante dell'aria circostante. Per questo motivo la nube è accelerata dal campo di gravità e scendendo dai fianchi dei vulcani può raggiungere velocità enormi, fino a duecento metri al secondo, ovvero 700 chilometri all'ora (Fig. 5.4).

Com'è possibile che il materiale solido rimanga sospeso nell'aria per tanto tempo? Poiché i gas sono caldi, essi si muovono verso l'alto della nube in moto turbolento e così facendo mantengono i granuli sospesi. Perfino quando la nube ardente percorre molti chilometri sui fianchi di una montagna fredda e addirittura sul mare, essa non crolla immediatamente, ma spesso continua la sua corsa distruttiva. Questo avviene perché i granuli che cadono verso il basso spostano una certa quantità d'aria, costretta così a muoversi verso l'alto e opponendosi alla caduta dei granuli. Si tratta di un processo chiamato fluidizzazione, un fenomeno che impedisce alla nube di dissipare i suoi effetti letali nella breve distanza.

Fig. 5.4 Sequenza di una nube ardente del vulcano Pelée alla Martinica. Dicembre 1902, qualche mese dopo l'eruzione che distrusse St. Pierre. Da Lacroix

Lahar

Dopo abbondanti eruzioni di tephra occorre rimuovere il materiale piroclastico dai tetti e dalle strade. Un lavoro improbo perché la cenere bagnata acquisisce una consistenza come quella del cemento, ma è molto più pesante. La cenere vulcanica è infatti formata da granuli molto minuti di materiale denso e poroso che immersi nell'acqua aderiscono tra loro. Ma può anche andare peggio. Immaginiamo una quantità enorme, decine o centinaia di milioni di metri cubi di cenere fradicia di acqua piovana o di fiume. Pensiamo ora questa pasta informe dalla consistenza del cemento armato in movimento rapido lungo il corso di un fiume o i fianchi di un vulcano. Così si forma un *lahar*, un flusso fangoso di origine vulcanica mobilizzato dall'acqua.

Lahar è una parola giavanese; entrata ormai nel gergo vulcanologico, è come "lava" insostituibile. Spesso i lahar sono primari: si formano cioè durante l'eruzione come un cocktail tra le cenere e la pioggia intensa che spesso accompagna un'eruzione vulcanica (vedi §4.1), oppure la neve e il ghiaccio disciolti dal calore dell'eruzione. I depositi piroclastici contengono di solito blocchi delle dimensioni più varie, dalla cenere fino a enormi macigni. Un lahar è quindi una miscela solida altamente pericolosa anche perché la fluidità del fango è accompagnata dalla presenza di proiettili massicci, pronti a colpire. Inoltre la densità è così elevata che auto e camion vengono trasportati via come se fossero di plastica e i ponti sono divelti con facilità. Se un fuoristrada riesce a guadare senza problemi un fiumiciattolo alto poche decine di centimetri, un lahar della stessa altezza spesso trascina l'autoveicolo con sé. E la situazione si fa drammatica se il lahar è spesso qualche metro, anche perché la velocità aumenta molto con lo spessore.

Il Nevado del Ruiz è una montagna colombiana alta quasi 5.400 metri. Coperta da neve e ghiaccio sulla sommità, è un gigante dormiente, un vulcano le cui numerose eruzioni fanno spesso sciogliere la cappa di ghiaccio. Dal settembre al novembre 1985, intense emissioni di cenere e fumarole mostravano che il vulcano stava crescendo verso la piena attività. Il 13 novembre 1985 l'acqua sciolta da un'eruzione si mischiò con la cenere e precipitando dal vulcano coprì un centinaio di chilometri in sole quattro ore. Con una velocità media di venticinque-trenta chilometri all'ora, una serie di numerosi lahar viaggiarono a velocità superiore a quella di un uomo in corsa, distruggendo e poi coprendo tutto quanto si trovava sul cammino. Purtroppo Armero si trovava lungo il tragitto dei lahar, a circa settanta chilometri di distanza dalla cima del vulcano. La città venne coperta da un manto surreale di fango in movimento con velocità che superarono i 40 chilometri all'ora (Fig. 5.5). Fece molta impressione la storia di Omayra, una ragazzina intrappolata nel fango, del tutto conscia e lucida; dopo 3 giorni di tentativi non fu possibile salvarla, e si aggiunse alle altre ventiduemila vittime. I vulcanologi conoscevano bene i rischi che correvano i centri abitati intorno al vulcano. Armero stessa era stata distrutta già nel 1595 e nel 1845 da colate identiche a quelle del 1985. Ma le autorità non presero alcuna iniziativa per allertare la popolazione.

Oggi il problema dei lahar è considerato molto più seriamente. Intorno a molti vulcani si misurano le onde sismiche generate da potenziali lahar a diverse stazioni poste lungo le valli. I massi all'interno di un lahar, rotolando e picchiando contro il terreno, generano onde sismiche a frequenza maggiore di quelle dei terremoti o del tremore vulcanico. Si può quindi riconoscere un lahar dagli altri segnali sismici, e prevederne lo sviluppo. È stato così possibile evitare una catastrofe nel marzo 2007, quando un lahar scese dal Mount Ruapehu in Nuova Zelanda.

Fig. 5.5 Armero occupava la zona ora completamente coperta dal fango dei lahar del 1985. Foto USGS di dominio pubblico

Nel caso del Nevado del Ruiz, l'acqua per la colata fangosa fu fornita dalla neve e dal ghiaccio. In molti casi, è l'eruzione stessa a creare le condizioni atmosferiche necessarie a produrre i lahar. L'aria spostata dalla colonna vulcanica in moto verso l'alto si espande e si raffredda, spingendo il vapore all'interno a condensarsi e cadere in forma di pioggia. Avvengono così intense precipitazioni proprio durante l'eruzione, come durante l'eruzione del Vesuvio del 79 d.C., del 1631, e anche durante quella del 1906 (Fig. 5.6). L'eruzione del Pinatubo del 1991, una delle più violente del XX secolo, ebbe la tragica fatalità di avvenire durante il passaggio del tifone Yunia, che portò un'enorme quantità di acqua. Le colate raggiunsero così ben 40 chilometri di distanza. Nonostante le colate siano fluide, una volta depositatisi i lahar appaiono massicci, di consistenza simile al cemento (tavola 18).

Se i lahar si formassero soltanto durante un'eruzione, sarebbe possibile allertare la popolazione. Purtroppo possono passare anche decenni, secoli, addirittura millenni dopo l'eruzione che ha depositato le ceneri. Ne sanno qualcosa gli abitanti della zona di Sarno. Il 5 mag-

Fig. 5.6 Lahar del monte Mayon, Filippine

gio 1998, Sarno insieme ai comuni di Quindici, Siano e Bracigliano, fu colpita da violente colate fangose che distrussero numerose abitazioni e uccisero quasi duecento persone. Il materiale proveniva da antichi depositi poco consolidati di materiale piroclastico del Vesuvio.

Eppure i volumi di materiale mobilizzato a Sarno sono poca cosa in confronto ai depositi di altri vulcani, che aspettano solo l'occasione per produrre dei lahar giganteschi. Monte Rainier è uno dei vulcani attivi della catena delle Cascade, la stessa del St. Helens. È costituito da una sovrapposizione di andesiti alterate dall'acqua, una roccia friabile e soggetta a franamenti. I geologi americani hanno studiato le possibili tracce di catastrofi nell'area. Ecco cos'hanno trovato. Cinquemila anni fa, numerosi lahar scesero verso nord e percorrendo il letto del White River (Fig. 5.7), piegarono in seguito a ovest. Rag-

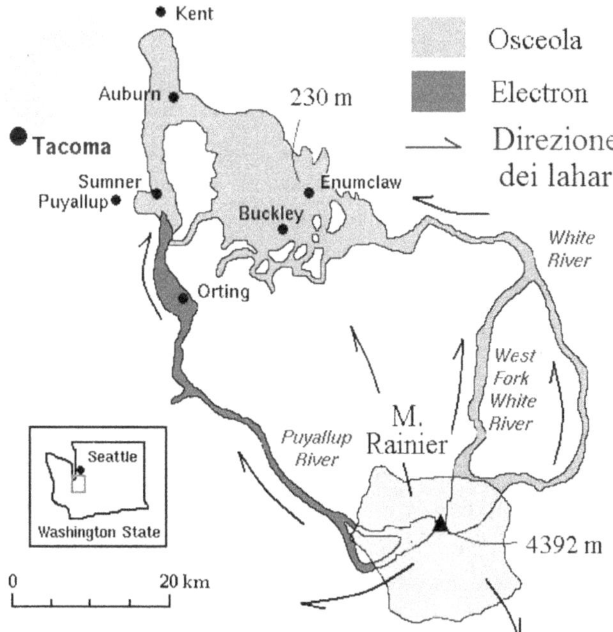

Fig. 5.7 Schema di Monte Rainier e dei lahar scesi dai suoi versanti. Modificato da una mappa dell' USGS

giunsero il bacino dove sorgono le attuali città di Enumclaw e Buckley a oltre settanta chilometri di distanza, fino a lambire l'attuale Tacoma. Le tracce di questo (o questi) lahar, chiamato "Osceola", sono ben visibili lungo gli intagli degli attuali torrenti. A conti fatti si tratta di un volume di tre chilometri cubi, un'enormità. Verso ovest vi sono le tracce di un lahar molto più recente (500 anni) chiamato "Electron".

Tutti i lahar della zona probabilmente ebbero una storia simile. Partirono come frane di roccia mal consolidata e in breve si frammentarono mischiandosi con acqua. La differenza rispetto al passato è che ora la zona è densamente popolata; purtroppo non vi è alcun motivo per cui questi eventi catastrofici non possano colpire oggi. Le stime della velocità massima di Osceola variano dai 70 ai 90 chilometri all'ora, per cui nel caso di nuovi lahar vi sarebbe più di un'ora di tempo per evacuare le città al fondovalle. C'è solo da chiedersi se sia un tempo sufficiente.

Gas vulcanici

Oltre a essere i propulsori stessi delle eruzioni esplosive, i gas vulcanici possono aggiungersi al rischio vulcanico. Il diossido di zolfo, detto anche anidride solforosa, è un gas inquinante emesso copiosamente dai vulcani, dieci milioni di tonnellate ogni anno. Può essere irritante per le vie respiratorie, dar luogo alle piogge acide, e sospeso nella stratosfera diminuire la radiazione solare. L'effetto locale e temporaneo dell'anidride solforosa è quindi ben noto; a livello globale i rischi non sono grandi dato che l'emissione di questo gas dovuta all'attività umana con i combustibili fossili, che contengono zolfo come impurità, è ben maggiore.

Vi sono rischi più subdoli dovuti ai gas vulcanici. Nei Campi Flegrei napoletani vi è la famosa grotta del cane, un pertugio dove se si introduce un cane ... *l'aer pesante lo colpisce, lo preme, e tramortito cade all'istante.* Il cane veniva salvato all'ultimo momento con grande sollievo dei turisti, semplicemente riportandolo all'aperto. Perché un cane muore e un uomo no? La questione fu al centro di tipiche discussioni ottocentesche tra chimici, naturalisti e semplici turisti. Oggi sappiamo che la grotta è satura di diossido di carbonio. Il diossido di carbonio o anidride carbonica non è un gas velenoso ma è il gas di scarto della respirazione e quindi provoca asfissia. Essendo più pesante dell'aria, occupa la parte bassa della grotta a livello del naso di un cane, ma al di sotto della bocca di una persona di altezza normale. Se la grotta del cane rappresenta ormai una curiosità e per fortuna nemmeno i cani vi trovano più la morte, ben diverso è il caso di altri vulcani.

Il 21 agosto del 1986, una frana rilasciò una grande quantità di anidride carbonica dal fondo di un lago vulcanico in Camerun, il lago Monoun. Il gas traboccò dall'orlo del lago e scendendo lungo i pendii come un fiume invisibile e mortale, riempì gli avvallamenti. Ben 1.700 persone e numerosi animali vi trovarono la morte.

La tragedia più grave dovuta a gas vulcanici resta però quella del vulcano Laki, in Islanda. Tra il 1783 e il 1785 si formò una frattura lunga 25 chilometri dalla quale sgorgarono oltre 10 chilometri cubi di lava. Il vulcano diede luogo a un'attività freatomagmatica (ovvero esplosioni dovute al contatto del magma con l'acqua) seguita da eruzioni di tipo stromboliano e poi islandese (effusiva lungo una fessura). In nessuna eruzione avvenuta negli ultimi trecento anni venne prodotta così tanta lava. Il mezzo miliardo di tonnellate di gas emesso rovinò i pascoli e le coltivazioni, uccidendo metà del bestiame. L'isola precipitò nella peggior carestia di tutti i tempi e novemila delle quarantamila persone allora residenti non sopravvissero.

Ceneri, lapilli e bombe vulcaniche

Il materiale solido emesso dai vulcani ha molte altre conseguenze negative. Le bombe vulcaniche possono raggiungere volumi di decine di tonnellate e velocità di 100-200 metri al secondo, con un effetto paragonabile a quello delle bombe d'aereo (Fig. 5.8). Ma le bombe vulcaniche, per quanto impressionanti, raggiungono di solito solo pochi chilometri dalla bocca del cratere. Ben maggiori sono le conseguenze delle particelle più piccole come il tephra, che iniettate verso l'alto raggiungono facilmente la stratosfera dove trovano forti venti orizzontali. Il materiale si apre così a fungo distribuendosi su aree enormi.

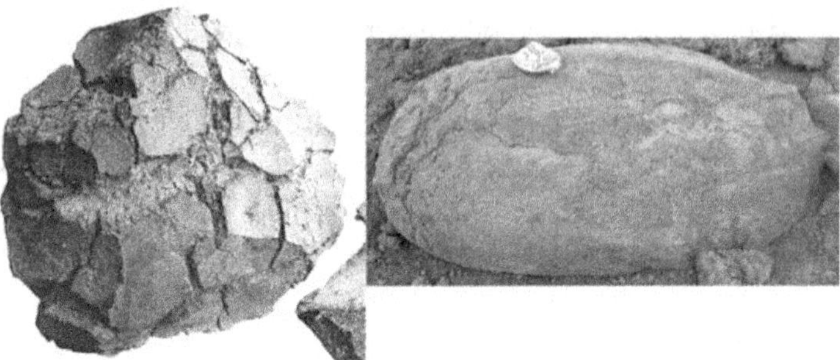

Fig. 5.8 Bombe vulcaniche. A sinistra: Vulcano Pelée, Martinica (diametro di circa 20 centinetri). Dal lavoro di A. Lacroix. A destra: Etna (diametro di circa 1 metro)

Nel caso dell'eruzione del Pinatubo (1991) la colonna raggiunse un'altezza di 40 chilometri. Come spiegato nella parte dedicata all'aria (→ vol. 2), la tropopausa costituisce uno schermo alla penetrazione dell'aria dalla troposfera. Questo per via dell'inversione termica che impedisce il movimento di aria calda verso l'alto. Invece il materiale vulcanico riesce a penetrare un po' oltre la tropopausa in parte perché "sparato" dal vulcano come un colpo di fucile, ma anche a causa dell'inerzia del materiale solido, che ha densità ben maggiore di quella dell'aria.

Le conseguenze della dispersione delle ceneri sono molteplici e quelle legate ai cambiamenti climatici saranno esaminate in seguito (→ vol. 2). Fra i danni più immediati vi sono quelli ai raccolti, al bestiame, ai tetti che possono crollare, soprattutto nelle zone tropicali e temperate dove non sono predisposti accorgimenti per il carico stagionale di neve. L'eruzione del St. Helens del 1980 ebbe impatto nefasto sulle condizioni delle strade. E nel 2010 il vulcano islandese Eyafjoll ci ha ricordato che coi vulcani non si scherza nemmeno lontano da zone vulcaniche. Penetrata la stratosfera, le ceneri furono trasportate verso est. Se la cenere vulcanica si infiltra nei reattori degli aerei, fonde formando una pasta liquida che non solo rovina i motori ma, cosa più importante, mette a repentaglio la vita dei passeggeri. Come si ricorderà, il traffico aereo venne bloccato in molte zone europee e milioni di passeggeri furono lasciati a terra. Molti rimasero sorpresi dal fatto che un vulcano sconosciuto e dal nome così seccante[2] potesse (e osasse) tanto. Eppure le conseguenze nefaste delle ceneri sui voli aerei erano ben note. Nel 1982 l'eruzione del Galungung a Giava fece quasi precipitare due Boeing 747. In entrambi i casi i piloti vissero la spaventosa esperienza di vedere i quattro motori cedere uno dopo l'altro. Non vi fu tragedia perché in entrambi i casi qualcuno dei motori riprese a funzionare dopo una caduta di migliaia di metri. Una sola cosa è certa: vi saranno ancora numerosi eruzioni di questo tipo, da parte dei vulcani islandesi e non. E questo in un mondo in cui il traffico aereo non può che aumentare.

Vi sono altri rischi associati ai vulcani come gli tsunami e gli jokulhaup (eruzioni sotto i ghiacciai). Questi saranno considerati anche nel secondo volume in riferimento alle catastrofi dell'aria e dell'acqua, e ai cambiamenti climatici.

5.2 Alcune eruzioni esplosive

St. Pierre, Martinica, 9 maggio 1902

Nel 1902 la capitale dell'isola di Martinica nelle Piccole Antille, St. Pierre, era una piccola gemma (Fig. 5.9, 5.10). Chiamata la Parigi delle Antille, era una città sofisticata ma con molte contraddizioni. Lo scontro politico tra privilegi dei bianchi e diritti dei neri era all'apogeo; ma allo stesso tempo St. Pierre viveva un'intensa vita culturale testimoniata da teatri, caffè di stile parigino, negozi costosi, chiese imponenti. La capitale basava l'economia sulle esportazioni di rum e di zucchero di canna, raffinato in stabilimenti alla periferia della città.

Nei primi giorni di aprile 1902 il vulcano dell'isola, il Monte Pelée, cominciò a emettere strani ruggiti. La lava stava riempiendo il cratere e verso la fine di aprile cominciò anche l'emissione di gas. Le prime vittime furono stormi di uccelli in volo dentro le nubi giallo-

---

[2] Il vulcano è coperto dal ghiacciaio Eyafjallajokull, spesso identificato erroneamente col vulcano stesso nei servizi televisivi. È più facile ricordare il nome scindendo la parola nei significati di base: fjoll significa "montagna" e "jokull" è il ghiacciaio in forma di calotta.

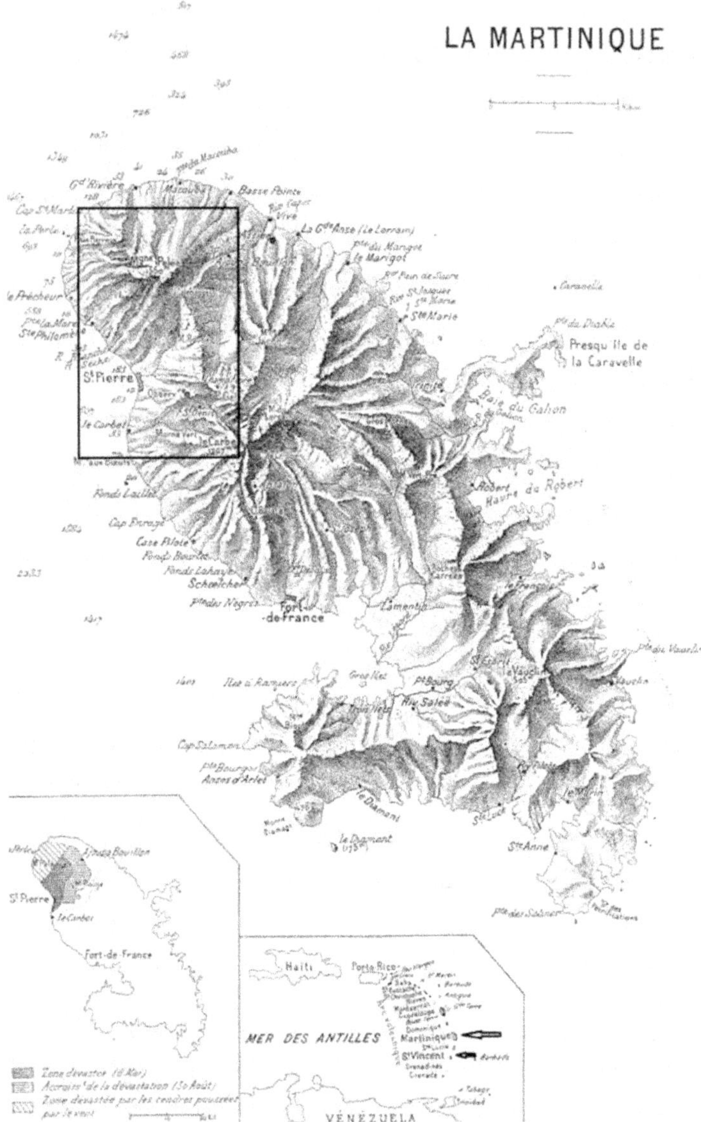

Fig. 5.9 Carta dell'Isola di Martinica tratta dal lavoro di Lacroix. Nella cartina in basso, l'arcipelago. La freccia lunga indica l'isola di Martinica, quella breve l'isola di Saint Vincent, protagonista di un'eruzione il giorno prima del Pelée. Il rettangolo mostra l'area ingrandita nella cartina di Fig. 5.10. In basso a sinistra le zone colpite dalla nubi ardenti (in nero). Da Lacroix (1904)

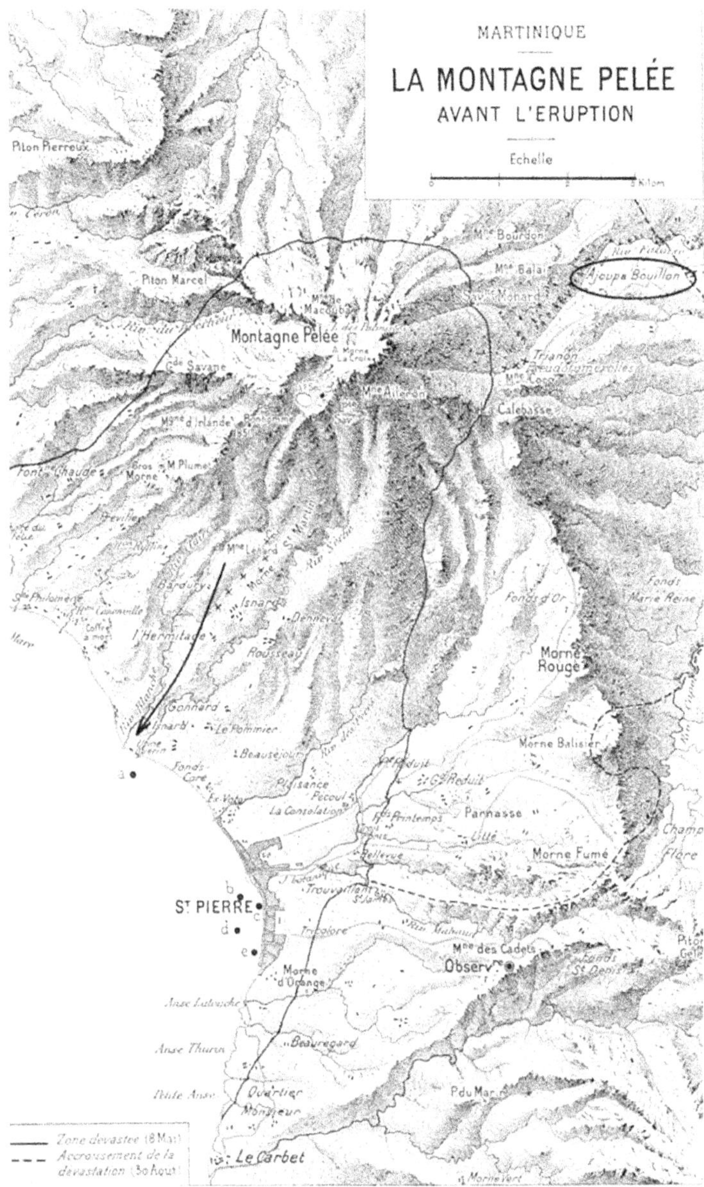

Fig. 5.10 Ingrandimento della cartina precedente per mostrare i dettagli della zona dell'eruzione. Tratta dal lavoro di Lacroix. Sono indicate le aree di cui si parla nel testo

gnole. Si cominciò ad aver bisogno di fazzoletti per respirare. Mentre l'acqua dei fiumi si colorava di marrone e un'inquietante luce rossa incorniciava di notte il vulcano, le preoccupazioni delle autorità erano rivolte a qualcosa di ben diverso: le elezioni politiche.

In quel momento la politica pierrotina non poteva essere più semplice. Il potente partito del Progresso, sostenuto dai proprietari bianchi degli stabilimenti, era ben radicato nel potere cittadino. I neri e i mulatti erano rappresentati dal partito Radicale, ancora minoritario ma in crescita. Perché il partito dei Progressisti non subisse una disfatta, era necessaria la presenza massiccia di bianchi alle urne dell'11 maggio. Ecco quindi il Governatore progressista Mouttet accusare la fazione opposta di voler esagerare il pericolo del vulcano allo scopo di fomentare la fuga di preziosi voti da St. Pierre. Il giornale ufficiale della città, *Les Colonies*, sostenne l'assenza di rischi concreti. Fu anche consultato un insegnante di liceo, forse l'unica persona con qualche conoscenza scientifica (anche se sull'isola vi era un osservatorio), il quale ritenne St. Pierre troppo lontano dal vulcano perché vi fosse da preoccuparsi. Anzi, la città venne raccomandata come luogo più sicuro rispetto alle campagne.

In realtà bianchi e neri erano più uniti dall'inquietudine che separati dalla politica. Che divenne terrore quando il fiume di St. Pierre, il Roxelane, si trasformò in fango e facendo irruzione in città tagliò le linee elettriche e telegrafiche. Era il 3 maggio, e non era finita. La cenere e pietre di pomice ormai scendevano a pioggia. E i primi morti non tardarono ad arrivare.

Un'enorme fessura si aprì presso il villaggio di Ajoupa-Bouillon (evidenziato da un'ellisse in Fig. 5.10), rilasciando fango e vapore incandescente, e uccidendo 160 persone. Il giorno dopo altrettanti lavoratori della canna da zucchero furono travolti da un lahar lungo il fiume Blanche (percorso indicato da una freccia in Fig. 5.10). Incontrando il mare, le colate fangose generarono delle onde di tsunami che uccisero centinaia di persone lungo la riva. La montagna sembrava scegliere a caso le vittime intorno a sé. Anche gli animali più ripugnanti divennero inquieti. Millepiedi e serpenti, entrambi di specie molto velenose, invasero i quartieri mulatti, mentre la pioggia di cenere diventava più massiccia.

Quando ormai la città era nel panico pronta per un'evacuazione, arrivò un altro no. Secondo le autorità non vi era alcun pericolo incombente e l'eruzione avrebbe avuto un decorso simile a quella del 1851, quando il vulcano eruttò ceneri sulla cima della montagna senza alcuna conseguenza per le persone. L'ordine fu fatto eseguire con la forza. Truppe furono piazzate nelle vie di uscite della città per impedire l'esodo.

Il 6 maggio avvenne qualcosa di inaspettato. Oltre al Pelée, vi sono tre vulcani importanti sulle piccole Antille: Soufriere, La Soufriere e Soufriere Hills. "Soufriere" è un termine simile a "solfatara", qualcosa che emette gas sulfurei. Alle 14.00, il vulcano Soufriere sull'isola vicina di Saint Vincent (freccia piccola in Fig. 5.9 in basso) esplose producendo una serie di nuvole di gas e ceneri incandescenti, una nube ardente. La nube fluttuò inizialmente verso l'alto per poi precipitare simmetricamente lungo i fianchi del vulcano. Furono uccise circa 1.500 persone e in molti si salvarono restando in luoghi chiusi. Questo evento fece molto scalpore nel mondo e tolse l'attenzione da St. Pierre e i suoi abitanti in rivolta. Gli stessi pierrotini ritenevano i vulcani collegati da serbatoi profondi e pur nella tragica notizia si convinsero che l'eruzione nell'isola vicina avesse sottratto energia al loro vulcano. Infatti il Pelée sembrò calmarsi per qualche ora.

Alle 7.50 dell'8 maggio cominciò l'eruzione vera e propria del Pelée. Si udirono quattro fortissime esplosioni seguite da una serie di nubi, alcune dirette verso il cielo. Una nube splendente di rosso venne sparata verso sud e seguendo la valle principale raggiunse St. Pierre in meno di tre minuti.

St. Pierre rasa al suolo da un filo di cenere

Precipitando su St. Pierre, la nube ardente la rase al suolo in pochi secondi. I muri delle abitazioni, perfino quelli massicci della grossa cattedrale, crollarono sotto la pressione d'urto. La violenza meccanica della nube fu tale da ribaltare cannoni di 13 cm dalla base e spostare di 4 metri una statua di 3 tonnellate. I meno fortunati si salvarono dal crollo degli edifici per rimanere in balia della sfera di gas e cenere bollente a enorme temperatura. La temperatura della nube ardente in prossimità della bocca eruttiva deve aver superato i 1.200 gradi, ma l'espansione nell'aria l'ha sicuramente raffreddata. Nonostante tutto, quando colpì St. Pierre deve aver conservato una temperatura di qualcosa come 900-1000 gradi. Infatti il vetro si rammollì, a indicare almeno 700 gradi, ma non fu raggiunto il punto di fusione del rame di 1058 gradi. Molte persone furono letteralmente cotte; in molti casi l'acqua vaporizzò all'interno del corpo e le proteine dei muscoli fecero irrigidire i corpi (Fig. 5.11). Stranamente i vestiti non furono bruciati nonostante i cadaveri presentassero orribili scottature.

Delle 18 navi nella rada, 16 presero immediatamente fuoco e solo due riuscirono a salpare in tempo. L'inglese *Roddam* riuscì a fuggire ma dieci uomini dell'equipaggio morirono durante la fuga disperata verso il mare. Il *Roraima* aveva a bordo 68 persone tra cui una ventina di passeggeri. Danneggiato da una prima esplosione, navigò a stento mentre i passeggeri morivano uno dopo l'altro ricoperti da una strana pasta calda e nera. Nel dramma di marinai ustionati, mentre lo stesso capitano scompariva in mare, i sopravvissuti cercarono di domare gli incendi a bordo. Corpo e gola ustionate, in molti rimasero per ore tra la vita e la morte. Quando il *Roraima* incrociò il *Suchet*, una nave militare francese salpata da Fort-de-France nella parte meridionale dell'isola, la maggior parte delle persone erano morte. Alla fine solo in venti sopravvissero a bordo.

Il primo a camminare sulle ceneri di St. Pierre fu probabilmente un certo Fernand Clerc. Incurante dei proclami politici, solo poche ore prima aveva trasferito la famiglia in campagna, lontano dal vulcano. Dall'alto delle colline osservò la serie di esplosioni e la nube velocissima inghiottire la città, lasciando al suo passaggio una superficie quasi piatta. Cessato il pericolo, scese per vedere cosa fosse rimasto di St. Pierre. Fu sconvolto dallo spettacolo di morte; tutti gli abitanti erano rimasti uccisi (Fig. 5.11) e il teatro, la grande cattedrale, il porto erano ridotti a miserrime macerie (Fig. 5.12, 5.13). Da cosa? Non pareva es-

Fig. 5.11 Raccapricciante spettacolo per primi i visitatori di St. Pierre dopo la tragedia. Cadaveri ammassati lungo la strada. Per quanto i segnali fossero inequivocabili e inquietanti, non fu possibile fuggire dalla città e dalle campagne per via delle elezioni politiche. Da Lacroix (1904)

serci alcuna colata lavica, solo una sottilissimo strato di cenere vulcanica. Come poteva così poca cenere abbattere le spesse mura di una cattedrale? Non vi era alcuna risposta in quanto casi come quello di St.

Fig. 5.12 Il teatro di St. Pierre prima (a sinistra) e dopo l'eruzione del maggio 1902. Da Lacroix (1904)

Pierre erano sconosciuti alla scienza. Il mistero fu svelato solo qualche mese dopo quando i vulcanologi osservarono e fotografarono una nube ardente molto simile a quella che distrusse St. Pierre (Fig. 5.4)[3].

Una persona deve invece una nuova vita al vulcano. Mentre vi furono alcuni sopravvissuti nelle regioni appena lambite dalla nube ardente, nella zona colpita in pieno la morte fu quasi completa. Per molto tempo si affermò l'esistenza di un solo sopravvissuto chiamato August Cyparis (il nome cambia in modo radicale da una fonte all'altra). Forse di 19 anni, secondo altri di 25 o di 29. Sorpreso dall'eruzione dentro la cella angusta mostrata in Fig. 5.14, fu salvato dagli spessi muri, dal fatto che gli spiragli per l'aria erano molto piccoli, e da una ciotola di acqua che non solo non evaporò durante l'eruzione, ma rimase fredda.

I motivi della prigionia di Cyparis e i dettagli della sua storia sono

---

[3] La pressione esercitata da un fluido in movimento contro un ostacolo è circa uguale alla densità moltiplicata per la velocità al quadrato; l'aumento rapido con la velocità e la maggiore densità di una nube ardente rispetto all'aria spiegano la capacità distruttiva osservata a St. Pierre.

Fig. 5.13 Il porto di St. Pierre prima (sopra) e dopo l'eruzione (sotto). Da Lacroix (1904)

numerosi quanti i cronisti e gli scrittori che hanno narrato la tragedia di St.Pierre. Colpevole di omicidio o semplice rissa secondo alcune fonti; scelse di sua volontà la cella perché affetto da una malattia infettiva secondo altre. Alcuni giornalisti scrissero perfino che Cyparis era atteso dal boia proprio l'8 maggio, il giorno dell'eruzione. Il vulcano risparmiò dunque il criminale sacrificando al suo posto la città che l'aveva condannato! In ogni modo la storia del galeotto soprav-

Fig. 5.14 La prigione che salvò la vita ad Augustus Cyparis. Da Lacroix (1904)

vissuto all'inferno della Martinica era assai intrigante, fece il giro del mondo e creò anche un piccolo giro di affari. Cyparis fu graziato e proseguì i suoi giorni esibendo le orribili ustioni per il circo Barnum, scegliendo un nome d'arte, e presentandosi come l'unico sopravvissuto al vulcano. In realtà pare vi siano stati altri superstiti: una ragazzina e un ciabattino che raccontò la sua esperienza con molti dettagli e sopravvisse anche a una seconda nube ardente qualche mese dopo.

L'eruzione del Pelée segna l'inizio della vulcanologia contemporanea. Il primo passo, discusso dai vulcanologi che più studiarono il Pelée sul campo, Alfred Lacroix e Thomas Jaggar, fu quello di capire perché l'eruzione del Pelée fu assai più distruttiva di quella del Soufrière. Secondo Lacroix, la nube ardente del Pelée fu deflessa dal duomo di lava solida come mostra la Fig. 5.15 (a sinistra). La nube venne quindi rilasciata ad alta velocità verso St. Pierre e mantenne il calore per molto più tempo. Nel caso del Soufrière, la componente della velocità verso l'alto determinò sia un maggiore raffreddamento, sia una minore velocità quando la nube collassò (Fig. 5.15 a destra).

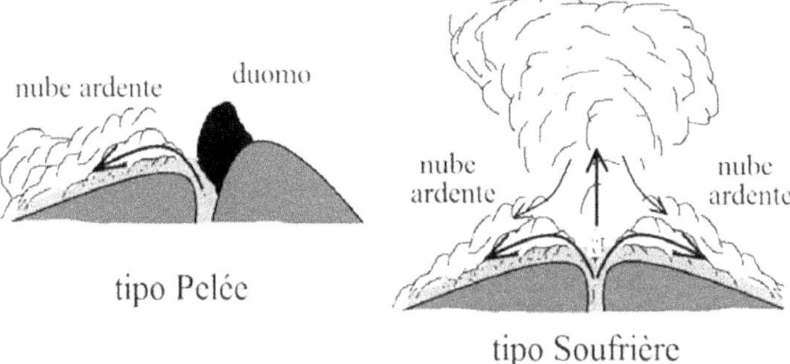

Fig. 5.15 Nube ardente nel vulcano Pelée (a sinistra) e Soufrière (a destra). Concetto da MacDonald (1972), modificato

Le eruzioni del Vesuvio

Una classifica delle eruzioni vulcaniche più famose vedrebbe in testa quella del Vesuvio del 79 d.C.. Gli scavi di Pompei ed Ercolano ci hanno fornito un quadro unico dell'aristocrazia romana e della loro vita quotidiana, interrotta un giorno come tanti dall'esplosione di una montagna creduta innocua.

Il Vesuvio nacque come vulcano sottomarino per unirsi in seguito alla penisola; non ebbe eruzioni storiche, anche se alcuni filosofi greci come Strabone sembrano riconoscere la sua natura vulcanica. I romani ne parlano solo quando Spartaco nel suo tentativo di fuga verso la libertà vi trova rifugio con qualche decina di compagni.

L'eruzione del 79 d.C. cominciò con un lancio di pomici e ceneri. Il naturalista e politico Plinio il Vecchio, ammiraglio di una flotta di stanza a Capo Miseno nella parte nord del golfo di Napoli, salpò per osservare il fenomeno e verificare il pericolo per gli abitanti del golfo. Dovette attraccare molto più a sud di Pompei sia perché durante la notte era piovuto così tanto materiale piroclastico da rendere la navigazione impossibile, sia a causa di un arretramento della linea di costa dovuto al sollevamento della riva. Plinio trascorse quindi la notte a Castellammare di Stabia, ospite del suo amico Pomponiano. Conosciamo con esattezza il viaggio di Plinio il Vecchio in quanto fu descritto dal nipote Plinio il Giovane, rimasto a Capo Miseno, in due famose lettere allo storico Tacito.

Durante la notte piovve così tanta cenere che le case dovettero essere abbandonate. A causa delle ceneri vulcaniche sospese nell'aria, il nuovo giorno non riuscì a portare la luce. Il gruppo di Plinio il Vecchio ponderò se tentare la fuga via mare o restare al coperto sotto il continuo tremore dei terremoti e col rischio di crolli dei palazzi appesantiti dalla cenere vulcanica. Ma entro poche ore anche la fuga via mare divenne impossibile. Corpulento, cagionevole di salute, Plinio il Vecchio morì a Stabia. Secondo il nipote furono le esalazioni venefiche e ucciderlo ma è più probabile abbia avuto un infarto in quanto fu l'unico del gruppo a morire.

I vulcani italiani sono il risultato dello scontro tra la placca africana e quella europea. L'Italia è varia e complicata, e la geologia non fa eccezione. Lo scontro tra due placche continentali ha infatti portato a una frammentazione della litosfera col risultato che le forze in gioco risultano dall'azione combinata di placche più piccole. Di conseguenza, la natura dei vulcani cambia entro distanze di poche centinaia di chilometri. Nel corso del Terziario e del Quaternario, l'attività eruttiva si è spostata verso sud. Ecco perché i vulcani del nord e centro Italia come il Monte Amiata e i vulcani del Lazio sono ormai spenti mentre quelli della Campania (Roccamonfina, Vesuvio, Ischia, Campi Flegrei), le Eolie, l'Etna, sono attivi o quiescenti. Questo tipo di assetto tettonico porta anche a vulcani con magmi ricchi di silice, quindi esplosivi.

La Fig. 5.16 a sinistra mostra uno schema dell'eruzione pliniana come quella del 79 d.C.. Il vulcano emise una colonna eruttiva che raggiunse e oltrepassò la stratosfera, a oltre circa 15-20 chilometri di altezza. In eruzioni recenti di questo tipo si è visto che la nube ristagna alla base della stratosfera, dove viene dispersa orizzontalmente dai forti venti. Queste eruzioni sono quindi caratterizzate da intensa pioggia di cenere, flussi piroclastici, anche se non letali a livello di quelli delle eruzioni peléeane, e colate di fango.

Anche a Pompei coloro che non riuscirono a scappare giorni o ore prima erano ormai condannati. Non potendo più prendere la via

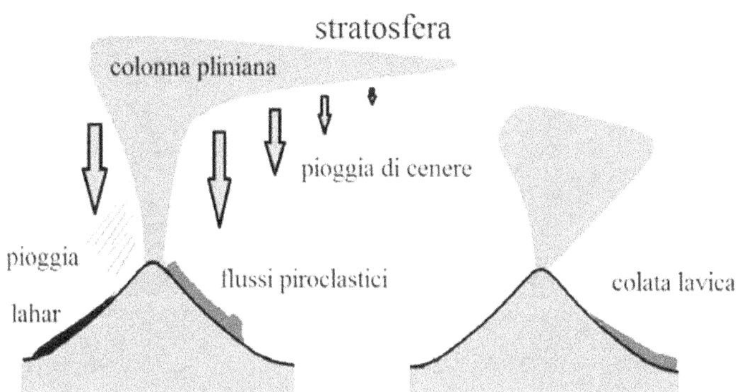

Fig. 5.16 Eruzione pliniana del Vesuvio (a sinistra) ed eruzione con colate di lava (a destra)

del mare, furono tempestati dalla caduta della cenere e lapilli. Quando i pompeiani morirono e vennero in seguito seppelliti da qualche metro di cenere, le loro spoglie lasciarono un tumulo con una cavità all'interno. Fu l'archeologo Giuseppe Fiorelli ad avere l'idea di riempire le cavità col gesso. I calchi ci hanno così restituito un'immagine unica degli ultimi istanti della vita dei pompeiani (Fig. 5.17). Sappiamo che alcuni furono colpiti a morte dal crollo di tetti e manufatti (c'è per esempio una persona con la testa sotto una pesante tegola), ma la maggior parte di quei disgraziati vennero uccisi respirando l'aria mescolata a cenere bollente. La cenere non riuscì a coprire tutti gli edifici durante la prima eruzione; alcune persone, forse sopravvissuti in cerca di oggetti di valore, camminarono sopra un primo strato di cenere. Pompei venne sepolta da altri strati in eruzioni successive e poi in seguito da suolo e vegetazione; abbandonata, cadde per secoli nell'oblio più totale.

Fu riscoperta soltanto alla fine del XVI secolo quando l'escavazione di canali per l'acqua portò alla luce statue e poi monete fino a svelare palazzi, terme, locande; i cittadini di Pompei, gli schiavi, i gladiatori, l'intera città ritornò in un certo senso alla vita. Una realtà archeologica unica al mondo.

Dal fianco del vulcano precipitarono molti lahar dovuti alla pioggia mista alle abbondanti ceneri, distruggendo Ercolano nel corso dei

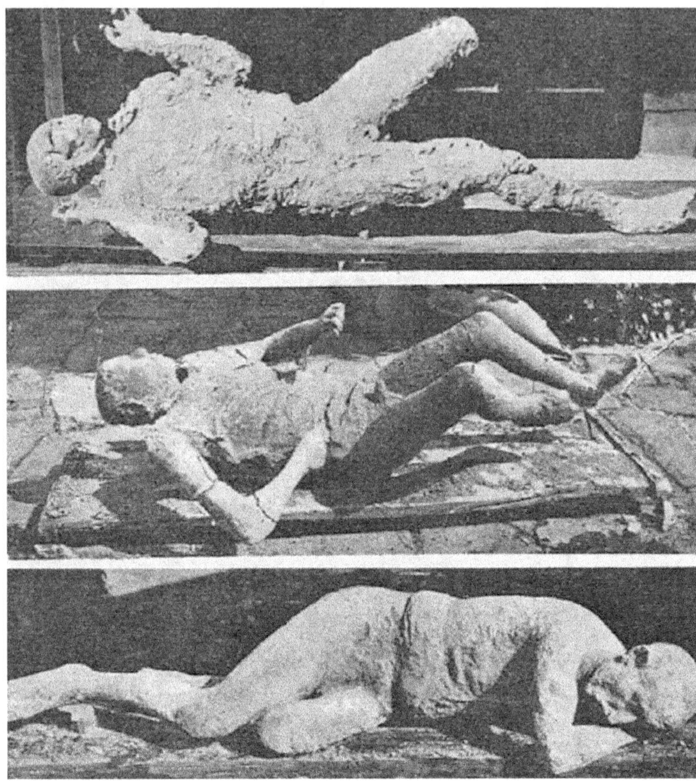

Fig. 5.17 Alcuni dei calchi di pompeiani morti nell'eruzione del 79 d.C.. Testimonianze così vive di una catastrofe naturale antica sono uniche al mondo. Da Lacroix (1904)

giorni seguenti. La maggior parte degli abitanti aveva già abbandonato la città e per questo motivo gli scheletri ritrovati sono pochi. Ritrovamenti più recenti hanno portato alla luce una scena drammatica. Un gruppo di persone tentò di mettere in assetto una barca ribaltata per prendere il mare, unica via di fuga. Coperto di materiali piroclastici galleggianti, in tempesta a causa dell'eruzione, il mare li tradì. Morirono tutti sulla riva.

Dopo l'eruzione del 79 d.C. ve ne furono altre nel Medioevo, la più importante intorno al 500. Ma occorre aspettare fino al 1631 per un'eruzione di violenza paragonabile a quella del 76 (vedi §4.1). Dopo il 1631 il Vesuvio è stato sempre in attività. Dal 14 maggio al 4 giugno 1737 ha avuto una fase di grande attività sia effusiva che esplosiva. Mentre grosse colate scendevano verso est da una bocca laterale, il vulcano lanciava fumo e bombe vulcaniche incandescenti. L'attività proseguì dal cratere centrale (Fig. 5.18).

Non sempre l'attività del Vesuvio è di tipo pliniano; a volte il vulcano dà luogo ad attività subpliniane, vulcaniane, o colate laviche (Fig. 5.16 a destra). Nel 1759 l'attività lavica minacciò di nuovo Torre del Greco; si aprì quindi un crepaccio laterale dal quale sgorgò lava per una settimana; il vulcano proseguì poi per i primi dieci giorni di giugno con attività stromboliana (Fig. 5.19). In genere il vulcano ha avuto solo pochi anni di quiescenza tra un episodio eruttivo e l'altro. Limitandoci al breve intervallo tra le due eruzioni viste sopra, nel periodo tra il 1737 e il 1759 il vulcano è stato attivo negli anni: 1737, 1751, 1752, 1754, 1755, 1759. Molti sono sorpresi nel sapere che il gigante del golfo di Napoli ha dormito di rado negli ultimi secoli. Eppure è così: la sua attività è continuata fino al XX secolo inoltrato.

Fig. 5.18 L'eruzione del Vesuvio del 1737. Civica Raccolta delle Stampe Achille Bertarelli, Milano

Fig. 5.19 Attività del Vesuvio nel 1775. Civica Raccolta delle Stampe Achille Bertarelli, Milano

Ecco gli anni di attività nel solo XX secolo: 1903, 1904, 1906, 1913, 1926, 1927, 1928, 1929, 1930, 1933, 1934, 1935, 1936, 1937, 1939, 1940, 1941, 1942, 1944.

L'eruzione del 1906 fu la più importante insieme a quella del 1944. Nel mese di aprile 1906, le esplosioni passarono da stromboliane a vulcaniane; si aprirono diverse bocche sotto il lancio di bombe vulcaniche e lapilli (Fig. 5.20). Alcuni paesi furono distrutti, mentre gruppi di persone rivolgevano la croce al vulcano, pregando i santi come ultimo tentativo per placare l'eruzione prima di fuggire (Fig. 5.20). L'eruzione del 1944 sorprese le truppe americane a Napoli. Iniziò il 13 marzo 1944 col collasso di un piccolo cono all'interno del cratere centrale. Il direttore dell'osservatorio vulcanologico Giuseppe Imbò avvertì con anticipo il comandante delle truppe alleate che un intero stormo di bombardieri B25 era a rischio a causa della continua caduta di ceneri. Fu inascoltato, ma le sue previsioni si rivelarono azzeccate. Fu un'eruzione complessa; colate di lava investirono Massa di Somma e San Sebastiano; le ceneri spinte verso sud caddero su Pompei. In tutto vi fu qualche decina di decessi.

Fig. 5.20 L'eruzione del Vesuvio del 1906

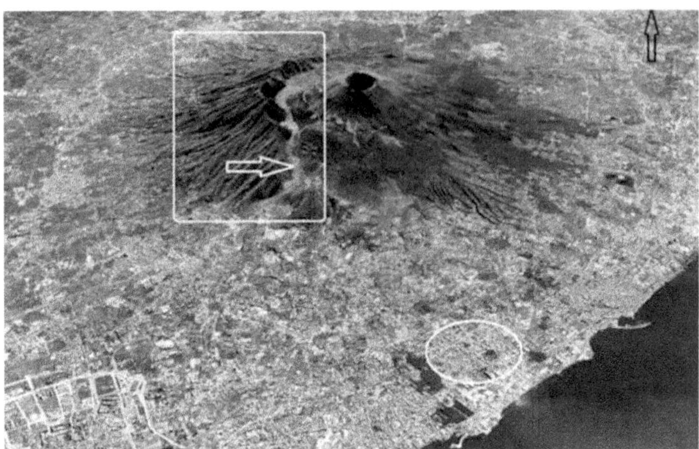

Fig. 5.21 La zona del Vesuvio. Il rettangolo bianco indica il Monte Somma e il cerchio bianco la posizione di Ercolano. La freccia nera punta verso la direzione di Pompei, quella bianca indica la colata del 1944. La carta è riprodotta a colori alla tavola 19. Laboratorio di Geomatica, INGV-Osservatorio Vesuviano. Cortesia di Giuseppe Vilardo

Dal 1944 a oggi il Vesuvio è quiescente. L'edificio vulcanico appare oggi formato da due unità principali (Fig. 5.21): il Monte Somma, bordo settentrionale della grande caldera formatasi con l'eruzione del 79, e il cono centrale più a sud, formatosi dalle eruzioni successive[4]. Il vulcano risulta quindi da una complessa sovrapposizione di colate e depositi piroclastici. La colata lavica del 1944 è ben visibile nella Fig. 5.21 (indicata da una freccia che punta a destra), mentre le numerose colate verso il golfo di Napoli, che contribuiscono a dare all'edificio vulcanico la classica forma di cono simmetrico, sono ormai coperte dalla vegetazione. La Fig. 5.22 mostra la sommità del cratere.

Poiché sappiamo che il Vesuvio è attivo, vi è da chiedersi come procederà l'evacuazione di 700.000 persone distribuite su un'area vastissima quando si risveglierà. Soprattutto tenendo conto dell'imprevedibilità di un vulcano come il Vesuvio che a volte dà luogo a colate,

---

[4] Il Vesuvio viene spesso chiamato Somma-Vesuvio.

Fig. 5.22 Il cratere del Vesuvio appare oggi formato dalla sovrapposizione di colate e depositi piroclastici. Le persone sul crinale forniscono una scala

altre volte a flussi piroclastici. Il piano ufficiale è basato sull'idea che il vulcano mostrerà le sue intenzioni bellicose con due settimane di anticipo. Campi per gli sfollati dalle zone a rischio sono predisposti nella piane del Sele (Salerno) e del Volturno. Considerando la pericolosità del vulcano, la vastità dell'area, la difficoltà del traffico, l'alta densità della popolazione, il possibile panico, c'è solo da sperare che l'evacuazione possa essere efficace e rapida[5].

---

[5] Si veda per esempio Mugnos (2011) per una trattazione recente del rischio Vesuvio e del piano di evacuazione.

6. Crescendo

6.1 Eruzioni esplosive: dal St. Helens ai supervulcani

L'indice VEI

È possibile quantificare l'esplosività delle eruzioni vulcaniche? Una caratteristica dei vulcani esplosivi è la formazione di una colonna eruttiva di gas e tephra che raggiunge l'alta atmosfera fino a decine di chilometri di altezza. Una prima idea è quindi quella di attribuire un alto indice di esplosività a un'eruzione capace di formare un'alta colonna eruttiva. Inoltre un vulcano molto esplosivo tende a emettere un volume enorme di tephra. Da qui nasce l'idea di creare un indice di esplosività (chiamato VEI o volcanic explosivity index) che tiene conto di entrambi i fattori.

Come mostra la Tabella 6.1, il VEI comprende una scala tra 0 e 9. Le eruzioni effusive non salgono mai sopra VEI 0 o 1. L'attività esplosiva comincia con eruzioni a VEI 2 in cui si formano al massimo moderate colonne di qualche chilometro. Solo a partire da VEI 3 le colonne riescono a raggiungere la stratosfera. A questo punto il volume di materiale piroclastico supera i cento milioni di metri cubi. E via un crescendo di violenza eruttiva; le classi maggiori a VEI 7 e VEI 8 (per le quali si esauriscono gli aggettivi per una descrizione qualitativa!) comprendono eruzioni con più di un chilometro cubo di materiale emesso.

Altri criteri dell'esplosività vulcanica utilizzano l'intensità dell'eruzione, ovvero il numero di tonnellate di materiale solido emesso in un secondo. Poiché le caratteristiche tra un'eruzione e l'altra anche nello stesso vulcano possono variare enormemente, la scala è logaritmica come la scala Richter dei terremoti. A un'eruzione di una ton-

Tabella 6.1 Indice VEI (Volcanic explosivity Index) con esempi e frequenza. Da Breining (2007), modificato

Indice VEI	Descrizione qualitativa	Massimo volume di tefra emesso (milioni di metri cubi)	Altezza della colonna eruttiva (Km)	Esempio (in parentesi il valore esatto)	Frequenza
0	Effusivo, non esplosivo	0,01	Meno di 0,1	Hawaii	giornaliera
1	Effusivo, poco esplosivo	1	0,1-1	Augustine (Marzo-Aprile 1986)	giornaliera
2	Esplosivo, moderato	10	1-5	Unzen (1792)	settimanale
3	Esplosivo moderato-grande	100	3-15	Nevado del Ruiz (1985)	annuale
4	Grande, cataclismica	1000	10-25	Galunggung (1982)	10 anni
5	Molto grande, cataclismica	10000	Più di 25	St. Helens (1980)	100 anni
6	Molto grande, cataclismica	100000 (un chilometro cubo)	Più di 25	Krakatau (1883)	100 anni
7	Molto grande, cataclismica	Un milione (decine di chilometri cubi)	Più di 25	Tambora (1815)	1000 anni
8	Molto grande, cataclismica	Dieci milioni (centinaia di chilometri cubi)	Più di 25	Yellowstone (2 milioni di ani fa); Toba (72000 A.D.)	10000 anni
9	?	Cento milioni (migliaia di chilometri cubi)	?	La Garita (28,8 milioni di anni fa)	100000-1 milione di anni

nellata al secondo viene attribuita un'intensità pari a 6. Dieci tonnellate al secondo corrispondono a un'intensità di 7, cento tonnellate al secondo a 8, e così via.

Esaminiamo ora alcune eruzioni in un crescendo di esplosività.

VEI 5 e VEI 6: St. Helens e Krakatau

La natura vulcanica del St. Helens era nota agli indiani fin dalla notte dei tempi, ma i primi occidentali faticarono a riconoscere un vulcano in quelle pendici tappezzate di foreste.

Verso il 1978, i vulcanologi sapevano che il vulcano si stava risvegliando dopo 121 anni di sonno. Era stata anche prevista una possibile eruzione prima della fine del secolo. Il quadro tettonico del St. Helens e dell'intera catena della Cascade nella parte occidentale dell'America del Nord è ben noto: la placca oceanica di Juan de Fuca viene subdotta sotto il continente americano (tavola 9) creando così una serie di vulcani esplosivi. Nel maggio 1980, l'interesse per il St. Helens non solo da parte dei vulcanologi ma anche della gente comune era alle stelle. Si attendeva con interesse un possibile risveglio del vulcano e in un impeto di follia alcuni addirittura lo speravano. Gadget vari e magliette inneggianti il vulcano venivano vendute ai turisti[1].

L'eruzione del 18 maggio 1980 fu iniziata da una frana colossale sul fianco nord del vulcano. È normale che si formino grosse frane sulle pendici vulcaniche. Sono edifici in continua crescita, dove terremoti e deformazioni del suolo causano continue instabilità. Di solito le frane non hanno ripercussioni sull'attività del vulcano, ma per il St. Helens fu diverso. La frana fece precipitare la pressione all'interno dell'edificio vulcanico, inducendo un'esplosione laterale da parte dei gas sotto pressione. I vulcanologi non avevano mai visto nulla di simile. Un vulcanologo dell'USGS, David Johnston, monitorava l'eruzione da una distanza di 9-10 chilometri, pensando di essere al sicuro. Proprio

---

[1] Con scritte del tipo "I lava you". Per spiegare queste stranezze si ricordi che gli statunitensi non avevano mai assistito a un'eruzione vulcanica in casa loro, con l'eccezione di una modesta eruzione negli anni '20 nella catena delle Cascade e, naturalmente, delle lontane Hawaii e delle Aleutine in Alaska.

quel giorno sostituiva il suo studente, impegnato in un incontro con un collega tedesco. Quel 18 maggio alle 8.32 della mattina Johnston fece appena in tempo a vedere la frana e a mettersi in contatto via radio coi colleghi ai quali gridò *Vancouver, Vancouver, this is it!*.

L'esplosione proiettò una nube piroclastica ad alta velocità; accelerata dalla gravità e dell'espansione dei gas, raggiunse velocità di oltre 1000 chilometri all'ora, una vera e propria onda d'urto che investì zone a decine di chilometri dalla sommità del vulcano (Fig. 6.1). Fu così veloce che nonostante fosse stata provocata dalla frana, la superò come si vede bene lungo il North Fork Toutle River, dove i depositi della frana stanno sopra e non sotto il letto di alberi abbattuti. Il corpo di Johnston non fu mai ritrovato come anche quello dell'ottuogenario Harry Truman. Si era rifiutato di abbandonare la casa coi suoi sedici gatti, convinto che la montagna non l'avrebbe mai ucciso. La

Fig. 6.1 Zona di eruzione del St. Helens. Sono indicate le zone colpite da lahar, dai flussi piroclastici, dall'onda d'urto ad altissima velocità, dalla frana, e la posizione dello Spirit Lake. Foto modificata da immagine Landsat, USGS-NASA, cortesia USGS. Foto originale riprodotta a colori alla tavola 20

conta dei morti si fermò a 57, ma nessuno può dire se qualche escursionista abbia violato il divieto di accesso alle zone pericolose. Pochi comunque, considerata la violenza dell'eruzione in una zona turistica. Fu solo il divieto di accesso a scongiurare una catastrofe assai più grave, insieme al fatto che l'eruzione avvenne di domenica, giorno in cui i taglialegna non erano al lavoro.

I coniugi Susan e Bruce Nelson campeggiavano sulla riva dello Spirit Lake insieme ai loro amici Terry e Karen, a circa 19 chilometri dal vulcano[2]. Il 18 maggio il gruppo di tre amici (Karen era ancora in tenda) vide una nube nera e pensò a un incendio. Ma la nube cresceva troppo rapidamente, avanzando verso di loro. Si sentì il rumore degli alberi spezzarsi come stuzzicadenti, ma nessun rumore dal vulcano. Questo attimi irreali durarono poco e solo quando la nube era ormai sopra di loro un forte rumore li avvolse insieme alla polvere. Il paesaggio si stava modificando in maniera radicale nel giro di pochi minuti. Gli enormi alberi secolari divelti dalla potenza dell'eruzione sembravano legnetti gettati nell'aria; la foresta trasformata in un paesaggio brullo. Mentre inquietanti fulmini orizzontali blu-rosa solcavano il cielo, gli amici decisero di muoversi per il timore di gas tossici che a volte si accumulano a fondovalle, mentre Terry corse verso la tenda a prendere Karen. Purtroppo in quel preciso istante vennero entrambi colpiti da un albero e morirono sul colpo.

L'assenza di rumore a pochi chilometri dall'esplosione è un effetto fisico dovuto all'intenso calore generato nel centro dell'esplosione. Alcuni elicotteri che sorvolavano il vulcano proprio durante l'eruzione videro lo spettacolo della frana e del base surge ad altissima velocità, ma non udirono alcun rumore provenire dal vulcano. L'eruzione fu udita a distanze di 100 chilometri e più. Si pensa che l'aria calda meno densa abbia fatto divergere i raggi sonori dalla sorgente, rendendo inudibile l'esplosione del vulcano. Il suono riapparve a maggiori distanze (80 chilometri nel caso del St. Helens) anche a causa della riflessione negli strati più alti dell'atmosfera.

---

[2] Intervista raccolta da Scarth (1997).

L'eruzione del St. Helens è considerata a VEI 5 nella scala di esplosività, lo stesso livello attribuito all'eruzione del Vesuvio del 76. Al gradino successivo di VEI 6 si colloca la famosa eruzione del Krakatau del 1883. L'isola vulcanica, localizzata tra le isole di Sumatra e Giava, prima del 1883 era formata da tre coni distinti. Erano note delle emissioni vulcaniche da episodi precedenti, come quella del 1680. Niente a che vedere con la tremenda eruzione del 1883, che distrusse completamente l'edificio vulcanico. Poiché il grosso dell'eruzione avvenne sott'acqua, fu creato un vuoto che, subito riempito dall'acqua, generò un grosso tsunami contro isole vicine. Ci occupereme più in dettaglio di questa eruzione nel secondo volume, in merito alle catastrofi dell'acqua.

VEI 7: Monte Mazama e Tambora

Secondo un'antica leggenda degli indiani Klamath, il Crater Lake dell'Oregon, un lago circolare di 9 chilometri di diametro, un tempo non esisteva e al suo posto c'era un'alta montagna (Fig. 6.2). Fu il grande spirito del cielo a farla sparire sottoterra, infuriato con lo spirito della Terra. Grazie a questa leggenda, tramandata di generazione in gene-

Fig. 6.2 Il Crater Lake nell'Oregon

razione, gli indiani ammiravano il Crater Lake con rispetto e timore. Un ricordo di eruzioni preistoriche?

Perché è vero che oltre 6.000 anni fa al posto del lago c'era una montagna, un vulcano battezzato dal geologo Howel Williams il Monte Mazama. Tutto cominciò 5.900 anni fa con un'eruzione pliniana, seguita da numerosi flussi piroclastici. Venne eruttata una quantità enorme di tephra, 40 chilometri cubi, che oggi si ritrovano anche in Canada. Fino a creare un vuoto alla base del vulcano così voluminoso (ben venti chilometri cubi) che l'intera montagna collassò e sparì verso il basso, creando il Crater Lake. Si tratta di una struttura oggi ben nota ai geologi e chiamata *caldera di collasso*. Non è forse la stessa leggenda indiana trasposta in termini scientifici anziché mitologici? Simili credenze, tutt'altro che stolte, furono forse utili agli indiani d'America a evitare le pericolose eruzioni nella catena delle Cascades, negli Stati Uniti nord occidentali.

Simile al Monte Mazama fu l'eruzione del 1815 del vulcano indonesiano Tambora in Indonesia, 400 chilometri a est di Giava. Fu anche la più grossa eruzione vulcanica in epoca storica, e quella che fece il maggior numero di vittime. La situazione geologica del Tambora è la stessa di quella del Krakatoa e dei moltissimi vulcani indonesiani: la placca australiana preme contro quella eurasiatica (tavola 9). Si forma così una zona di subduzione dove la litosfera oceanica della placca eurasiatica viene subdotta nel mantello. Fino al 1811 non era nemmeno noto che il Tambora fosse un vulcano attivo in quanto mancava qualsiasi testimonianza di eruzioni storiche. Solo nel 1812 si osservarono delle deboli eruzioni dalla sommità, terminate con la grande eruzione dell'aprile 1815.

Oggi la caldera è una scodella di 6 chilometri di diametro e profonda 1.100 metri, ma prima dell'eruzione del 1815 vi era una montagna alta oltre 4.000 metri. Questo dà un'idea dell'enorme volume di roccia polverizzata ed emessa nell'aria durante la grande eruzione. Come si vede dalla Tabella 6.1, coi suoi 50 chilometri cubi di materiale emesso, anche l'eruzione del Tambora è stata valutata a livello 7 nella scala VEI. La fase parossistica fu breve ma assai intensa; il vulcano eruttò una colonna pliniana a una trentina di chilometri di altezza, seguita da nubi ardenti e dallo sprofondamento del vulcano. La violenza fu tale che grossi frammenti pomicei raggiunsero la distanza balistica di 40 chilometri. Le vittime dirette furono circa diecimila, ma ben peggiori furono le conseguenze secondarie del tepha emesso nella stratosfera, come vedremo fra breve.

6.2 Supervulcani

I misteriosi punti caldi

A partire dalle Aleutine (l'arco insulare del Pacifico settentrionale che prosegue verso l'Alaska) si snoda verso sud la catena di montagne sottomarine delle Emperor, un'ottantina fra atolli e residui vulcanici sommersi. Seimila chilometri più a sud le Emperor terminano nelle isole Midway, dopo le quali l'orientazione delle isole cambia verso NW-SE con la serie di arcipelaghi delle Gardner, le French Frigate Shoal. Con l'isola di Nihihau, ben più grande, comincia infine l'arcipelago delle Hawaii, anch'esso di forma lineare. Il geologo americano James Dana notò che le isole diventano via via più giovani allontanandosi dall'Alaska e muovendosi verso sud. L'isola più recente è infatti l'ultima, la più meridionale, la più grossa, e anche quella geologicamente più attiva: l'isola grande delle Hawaii.

Questo tipo di arcipelaghi vulcanici non sono associati ai margini delle placche divergenti né convergenti, ma appaiono proprio nel bel mezzo di una placca. La causa di questo tipo di vulcanesimo è un pennacchio caldo presente nelle profondità terrestri. Si tratta di flussi di magma generati in punti fissi del mantello, probabilmente al confine con il nucleo dove si instaura un eccesso di temperatura dell'ordine di 250-300 gradi. Come il fumo di una sigaretta, il magma fuso risale per convezione verso la superficie in sottili canali. La velocità del pennacchio varia da qualche centimetro fino a un metro all'anno. Vi sono meno di trenta pennacchi ben documentati in diverse regioni del globo anche se potrebbero essere assai più numerosi (alcuni ricercatori ritengono siano qualche migliaio piuttosto che qualche decina!). Quando alla fine del suo viaggio un pennacchio interseca la crosta terrestre, genera un punto caldo dove si hanno le manifestazioni vulcaniche. In corrispondenza dei punti caldi si registrano anche anomalie gravimetriche (cioè la gravità diminuisce come conseguenza della minor densità del magma che risale) e geochimiche in quanto la composizione dei magmi segnala una risalita da grande profondità.

Il tipo di attività vulcanica dipende dal tipo di crosta intercettata dal punto caldo. Se il punto caldo cade sulla crosta oceanica come nel caso delle Hawaii (e anche delle Canarie e delle Azzorre), si genera una catena di isole vulcaniche. Il magma è povero di silice, poco viscoso e dà luogo a tranquille eruzioni hawaiiane[3].

Se invece il pennacchio interseca la superficie di un continente, il magma ristagna alla base della crosta, finendo per arricchirsi di silice fino a divenire così di composizione riolitica. I vulcani diventano così viscosi ed estremamente esplosivi. Il miglior esempio di un vulcanismo di questo tipo è quello di Yellowstone in America.

VEI 8: Supervulcani

Al di sotto del parco nazionale americano tra gli stati del Montana, Idaho e Wyoming, si annida infatti un punto caldo che in due milioni di anni ha creato un altopiano di altitudine superiore ai duemila metri, accompagnato da una serie di eruzioni vulcaniche molto esplosive. Un volume di 2.500 chilometri cubi di ceneri e pomici sono stati eiettati dall'eruzione più antica, avvenuta circa due milioni di anni fa. Una seconda eruzione datata a 1,3 milioni di anni fa è stata responsabile di 280 chilometri cubi di materiale e ha creato una caldera subcircolare, la Henry's Fork. L'ultima eruzione di 1.000 chilometri cubi di materiale risale a 640.000 anni fa ed è associata alla caldera di Yellowstone.

---

[3] Il motivo per cui le catene di isole Emperor-Hawaii sono rettilinee è spiegato dalla tettonica delle placche. Mentre la placca oceanica del Pacifico si sposta, il pennacchio caldo rimane fisso nel mantello, un po' come muovere una tela sopra un pennello tenuto fermo tra le ginocchia. Questo spiega anche la variazione regolare dell'età dei vulcani lungo l'arcipelago. Il cambio di orientazione in corrispondenza delle Midway si spiega con un cambio di direzione nel movimento della placca del Pacifico. Inizialmente la placca si muoveva quasi esattamente da sud verso nord e solo in seguito cambiò direzione acquisendo una componente verso est.

È difficile figurarsi un volume di 2.500 chilometri cubi. Distribuiti sull'area dell'Italia, la coprirebbero con una coltre di oltre otto metri! Il problema è che non sono necessari otto metri per rendere una regione inabitabile. Se un'eruzione di questo tipo avvenisse oggi, depositerebbe un metro di materiale piroclastico entro un raggio di 60-100 chilometri dal centro dell'eruzione, e di 3 centimetri in molte zone lontane degli Stati Uniti. I termini supervulcano e supereruzione furono coniati dai giornalisti della BBC per la realizzazione di un documentario. Data la necessità di distinguere eruzioni così mostruose da quelle più normali, la definizione ha preso piede anche nell'ambiente scientifico.

Un'eruzione di Yellowstone di dimensioni paragonabili a quelle del passato sarebbe qualcosa di inimmaginabile. Le zone entro qualche decina di chilometri verrebbero completamente distrutte dai flussi piroclastici. Ma non è tanto l'effetto locale a preoccupare come nel caso del St. Helens. Un'eruzione di questo tipo andrebbe ben oltre i confini di stato. Il materiale piroclastico, altamente abrasivo e poroso, depositatandosi anche in piccole quantità, rovinerebbe in breve i raccolti e le industrie. Il normale funzionamento della società, basato sulla tecnologia, diverrebbe impossibile e il cibo per centinaia di milioni di persone si esaurirebbe in breve tempo. Paradossalmente, all'inizio vi sarebbe un surplus di carne negli Stati Uniti, dato che diverrebbe più razionale abbattere il bestiame che farlo morire di fame. Ma gli aerei non potrebbero volare e con le strade intasate gli aiuti capillari e la ridistribuzione dei beni in fase di esaurimento sarebbero impossibili. Gli USA sarebbero la prima nazione a cadere e i cambiamenti a medio termine sarebbero ancora più devastanti non solo per i paesi confinanti, ma per il mondo intero.

Infatti il materiale piroclastico e l'anidride solforosa verrebbero iniettati ad altezze di un'ottantina di chilometri, ben entro la stratosfera. La temperatura alla superficie terrestre diminuirebbe di qualche grado, sufficiente a modificare in modo radicale il bilancio della radiazione solare. Nel secondo volume esploreremo le conseguenze climatiche per eventi di questo tipo. Ma possiamo anticipare gli effetti sul clima di un'eruzione di questo genere basandosi ancora sull'eruzione del Tambora del 1815.

Durante l'eruzione, il danno peggiore risultò dal tephra emesso nell'aria e trasportato nelle isole di Giava e Sumatra a 100-200 chilometri di distanza dal vulcano. Il tephra impedì i raccolti, portando a una carestia micidiale e alla morte per fame di 85.000 persone. Sollevate fin nella stratosfera, le ceneri diminuirono il flusso solare sulla superficie terrestre, causando una diminuzione di temperatura e dando il via all'"anno senza estate", un peggioramento dei raccolti in tutto il mondo, epidemie, morti per fame in numero impossibile da quantificare. E questo per un volume di un cinquantesimo di quello dell'eruzione di Yellowstone, valutata a livello 8 nella scala VEI.

È possibile prevedere la prossima eruzione a VEI 8? Una delle caratteristiche dei supervulcani è quella di produrre enormi caldere che non si esauriscono in una sola eruzione e per questo chiamate *risorgenti*. Dopo un'eruzione catastrofica, il magma ristagna per lungo tempo a qualche decina di chilometri di profondità, ma spesso è lungi dall'essere a riposo. La zona rimane sismicamente attiva, gas vulcanici vengono emessi di continuo e il terreno si muove lentamente su e giù. L'attività idrotermale, che nel parco di Yellowstone si manifesta nei pittoreschi geyser, potrebbe fa credere alla raggiunta vecchiaia. Ma nel caso di Yellowstone non è così.

Anche a casa nostra non mancano i pericoli di una supereruzione. Il tempio di Serapide a Pozzuoli è stato così importante per la geologia che Charles Lyell lo volle riportare sul frontespizio del suo trattato fondamentale *Principles of Geology* (Fig. 6.3). In realtà non si tratta di un tempio ma di un mercato, un errore nato dalla presenza di una statua religiosa dedicata alla divinità egizia Serapide[4]. La cosa inte-

---

[4] Non solo non è un tempio dedicato a Serapide, ma in Egitto non vi fu mai una divinità chiamata Serapide! Quando i romani chiesero ai sacerdoti egizi a chi fosse dedicato un tempio a Saqqara, questi risposero: osir Api, ovvero "Apis morto", cioè il tempio del culto dei tori morti. I romani capirono erroneamente "il tempio di Serapis" o Serapide. Sensibili alle mode teologiche egizie e alla bellezza dei templi, credettero di importare ma di fatto crearono la nuova divinità. Raffigurata come un uomo barbuto (niente a che vedere coi tori!), Serapide divenne un culto di grande successo a Roma.

Fig. 6.3 Il tempio di Serapide a Pozzuoli

ressante è la presenza di litodomi nelle colonne visibili in figura, fori dovuti a molluschi bivalvi che sciolgono il calcare delle rocce per costruirsi la conchiglia. Dimostrano una variazione dell'altezza della linea di costa a partire dalla costruzione del "tempio" nel primo secolo. Le colonne furono evidentemente costruite all'asciutto, poi andarono sott'acqua (con un abbassamento massimo intorno al X secolo) per riemergere. Più di recente si sono potuti misurare con precisione i movimenti del suolo a Pozzuoli con strumenti adeguati. Negli anni intorno al 1970 vi fu un innalzamento del suolo seguito da un abbassamento fino al 1982, poi un nuovo innalzamento accompagnato da modesti ma numerosi terremoti.

Nel 1538 un'eruzione esplosiva distrusse il paese di Tripergole e creò un vulcano dal nulla alto 150 metri, il Monte Nuovo. L'eruzione era stata preceduta da notevoli movimenti bradisismici e terremoti e questo è il motivo per cui l'assai più recente crisi degli anni ottanta suscitò tanto timore. Il bradisismo pare associato al movimento del magma nel sottosuolo e può quindi offrire preziosi segnali di risveglio delle zone vulcaniche di questo tipo. Il territorio del Campi Flegrei napoletani annida nel sottosuolo un vero e proprio supervulcano che 37.000 anni fa ha emesso 80 chilometri cubi di materiale piroclastico, ben osservabili in Campania. Un'eruzione un po' più piccola produsse analoghe ignimbriti 15.000 anni fa, il famoso tufo giallo napoletano. Sebbene il supervulcano dei Campi Flegrei non sia fra le "top" della Tabella 6.2, esso è riuscito a creare la depressione dei Campi Flegrei, un'enorme caldera collassata.

Guardiamo meglio la Tabella 6.2 che mostra le 13 più grandi supereruzioni documentate. Guida la lista l'eruzione de La Garita, ancora più grande di Toba con un VEI di 9,1! Emise 5.000 chilometri cubi di materiale piroclastico nell'oligocene, quasi 28 milioni di anni fa. Come si vede dalla tabella, con l'eccezione di Toba, i supervulcani richiedono tempi di milioni o di decine di milioni di anni per produrre una supereruzione. Non sono quindi fra le catastrofi che preoccupano di più. Però le supereruzioni potrebbero aver colpito duramente le specie animali e vegetali nel passato della Terra, per cui saranno riconsiderate nel prossimo volume.

Abbiamo aperto questo libro con Toba e sembra giusto chiudere con lo stesso vulcano. L'analisi dei depositi di tephra ha rivelato che l'isola di Samosir nel centro dell'isola di Toba (tavola 1) si è andata sollevando di almeno mezzo chilometro dall'ultima eruzione avvenuta 74.000 anni fa. Un fenomeno di bradisismo a grandissima scala, dunque, misurabile soprattutto nella parte sud della caldera. I molti terremoti avvenuti negli ultimi anni segnalano un'inquietudine geologica, ma hanno anche consentito uno studio di tomografia sismica. Si tratta di un metodo che basandosi sui tempi di arrivo delle onde P, permette di disegnare una mappa tridimensionale di strutture magmatiche sotto il suolo. Si è così vista la presenza di una camera magmatica (segnalata da un corpo di grosse dimensioni dove la velocità delle onde P diminuisce) di area paragonabile o poco più piccola della caldera, o forse più camere magmatiche connesse tra loro. Probabil-

Tabella 6.2 Le più grandi eruzioni note sulla Terra di livello VEI superiore o uguale a 8,5. Da Breining (2007), modificato

Numero progressivo	Nome della caldera (o della formazione)	Posizione	Dimensioni della caldera	Volume (migliaia di chilometri cubi)	Livello Scala VEI	Età (milioni di anni
1	La Garita	Colorado	100 x 35	5	9,1	27,8
2	Toba	Indonesia	100 x 30	2,8	8,8	0,074
3	Tufi di Lund	Utah (USA)	?	2,6	8,8	29
4	Yellowstone (tufi di Huckleberry ridge)	Wyoming (USA)	100 x 50	2,5	8,7	2,1
5	La Pacana	Cile	60 x 35	1,6	8,6	4
6	Bentonite di Millbrig-Big	Sud-est USA	?	1,5	8,6	454
7	Tufi verdi	Etiopia	?	3	8,6	28-31
8	Blacktail	Snake River (USA)	100 x 60	1,5	8,5	6,6
9	Emory	New Mexico (USA)	25 x 55	1,3	8,5	33
10	Bachelor	Colorado (USA)	20 x 28	1,2	8,5	27,5
11	Timber Mountain	Nevada (USA)	25 x 30	1,2	8,5	11,6
12	Paintbrush	Nevada (USA)	20 x 20	1,2	8,5	13,4
13	Bursum	New Mexico (USA)	30 x 40	1,2	8,5	28-29

mente il magma molto viscoso che caratterizza i supervulcani si sta facendo strada nella crosta.

Conosciamo troppo poco questi fenomeni per predire se il quadro clinico di Toba e il drammatico sollevamento del suolo siano qualcosa di normale oppure se il vulcano si stia togliendo l'ultima polvere di dosso per sollevare il coperchio millenario, annunciando così una nuova supereruzione.

Eruzioni vulcaniche: corso di sopravvivenza

Il consiglio più ovvio sarebbe quello di stare alla larga dalle aree vulcaniche. Ma è un consiglio sensato? Napoli o Seattle in USA, Quito in Ecuador e Managua in Nicaragua sono esempi di grandi città in zone vulcaniche, senza contare le numerosissime città più piccole, spesso distribuite lungo fianchi dei vulcani, o i vasti campi che da secoli ne sfruttano i terreni fertili. Conviene invece essere pronti a ogni possibile evenienza e conoscere il tipo di rischio associato a ogni vulcano.

Il rischio vulcanico è piuttosto "tecnico" nel senso che raramente i vulcani hanno eruzioni improvvise; al contrario concedono giorni, settimane o addirittura mesi di preavviso. Quindi, soprattutto in nazioni avanzate come l'Italia, i vulcanologi hanno il tempo di studiare la situazione da un punto di vista scientifico e le amministrazioni si prenderanno cura degli aspetti tecnici e pratici, dando tempestive disposizioni alla popolazione. Comunque qualche modesto consiglio va dato non tanto nell'evenienza di grosse eruzioni, ma per evitare situazioni a rischio anche in zone turistiche lontane.

Cominciamo con i lahar. Possono essere rapidissimi e densi. Evitare di stazionare sui letti dei torrenti durante eruzioni vulcaniche anche lontane; l'errore comune di attraversare in auto o a piedi un flusso fangoso anche superficiale ha fatto molte vittime. A causa delle loro alte densità, la forza esercitata da una colata di fango è molto superiore a quella dell'acqua, al punto da trascinare via facilmente anche un grosso automezzo. In alcuni casi, le autorità hanno predisposto canali e dighe per incanalare i lahar lungo canali prestabiliti. È importante informarsi del probabile tragitto di un lahar; alcuni paesi pubblicano le mappe dei rischi da lahar a cura del servizio geologico locale, basate sia sulla topografia e anche su simulazioni al computer di possibili colate.

Comune è il rischio di bombe vulcaniche in zone di moderata attività esplosiva, come quella dell'Etna o di Stromboli. Evitare di stazionare vicino alle bocche vulcaniche durante un'eruzione è un consiglio ovvio ma purtroppo a volte disatteso.

I flussi piroclastici sono i più mortali e difficili da prevedere in termini di intensità, velocità e percorso. Anche esperti vulcanologi ne sono stati vittime quando hanno sottostimato la distanza d'arresto di nubi ardenti e di *base surge*. I flussi piroclastici tendono a seguire il gradiente a smorzarsi sulle alture per cui è meglio stare in zone elevate, anche se nell'evenienza concreta di flussi piroclastici si spera che le zone a rischio siano evacuate per tempo, e questi consigli siano inutili.

Il tephra è un rischio decisamente più generale e concreto in quanto le zone afflitte da questo rischio possono essere molto lontane dal vulcano. Pochi centimetri di tephra possono già far crollare molti tetti.

La USGS insieme al FEMA (l'agenzia americana per la gestione dei disastri) ha approntato una serie di regole di comportamento, anche pensando ai numerosi supervulcani americani. Ecco alcuni consigli in aggiunta ai precedenti, validi anche per altri tipi di disastri.

PRIMA

- Imparare a conoscere i piani di emergenza di una particolare area
- Tener presente i disastri secondari indotti dai vulcani: terremoti, inondazioni, frane, temporali, tsunami.
- Studiare in anticipo un tragitto in caso di evacuazione e impararlo bene.
- Sviluppare un piano di contatto di emergenza in caso di catastrofe ed evacuazione[5].

---

[5] In molti film catastrofici l'irreperibilità di un familiare durante la massima crisi è sfruttata a fini drammatici. Nel film "earthquake", la responsabile di un impianto nucleare compromesso da un terremoto sta per far inondare la metropolitana allo scopo di spegnere l'incendio nell'impianto. Non sa che sotto la metropolitana, intrappolata nei treni, c'è sua figlia.

- A portata di mano: torcia eletterica e batterie; radio portatile; cassetta di pronto soccorso; cibo e acqua; coltello; medicine; documenti; soldi; vestiti e scarpe extra; mascherine e occhiali.
- Contattare le autorità in anticipo e la Croce Rossa per conoscere in dettaglio i piani di evacuazione.

DURANTE

- Seguire gli ordini delle autorità[6].
- Il panico non serve a nulla, anche se spesso la sua portata viene esagerata.
- Evitare le aree sottovento (del vulcano).
- All'interno degli edifici chiudere le finestre e portare tutto quanto possa servire per i prossimi giorni.
- Spegnere i motori a benzina.
- Lasciare perdere foto ricordo dell'evento vicino al cratere.

DOPO

- Ascoltare radio e TV (probabilmente solo le batterie funzioneranno) per le ultime notizie.
- Attenzione al tephra sospeso nell'aria. Indossare mascherine, occhiali, rimuoverlo dai tetti.

---

[6] Ma in molti paesi politicamente instabili, meno avanzati, o se si sospetta un atteggiamento poco prudente delle autorità (si ricordi St. Pierre o Armero), ritenere sempre il pericolo più grave di quanto annunciato.

Letture consigliate

Opere Generali (divulgazione e saggi)
AA.VV. 1993. Le catastrofi. Edizioni Dedalo, Bari.
Abbott P.L. 2005. Natural Disasters. McGraw Hill, New York.
Adams F.D. 1945. The birth and development of the geological sciences. Dover, New York.
Albin E. 2007. Build Olympus Mons! Lunar Planetary Science Conference XXXIX.
Cornell J. 1976. The great international disaster book. Ch. Scribner's Sons, New York.
Diacu F. 2010. Mega Disasters. Princeton Univ. Press, Princeton.
Funiciello R., Heiken G., De Rita D., Parotto M. 2006. I sette colli. Guida geologica a una Roma mai vista. Cortina, Milano.
Kovach R., McGuire B. 2003. Guide to Global Hazards. Firefly Books, New York.
Prager E.J. 2000. Furious Earth. McGraw-Hill, New York.
Prothero D.R. 2011. Catastrophes! John Hopkins Univ. Press, Baltimore.
Roubault M. 1976. Le catastrofi naturali sono prevedibili. Einaudi, Torino.
Santoianni F. 1996. Disastri. Giunti, Firenze.
Scarth A. 1997. Savage Earth. HarperCollins, London.
Svensen H. 2010. Storia dei disastri naturali. Odoya, Bologna.
Tozzi M. 2005. Catastrofi. Rizzoli, Milano.
Walter F. 2009. Catastrofi. Una storia culturale. Angelo Colla, Vicenza.

Opere Generali (testi universitari)
Abbott P.L. 2002. Natural Disasters. McGraw-Hill, New York.
Alexander D. 2001. Calamità naturali. Pitagora Editrice, Bologna.
Barberi F., Santacroce R., Carapezza M.L. 2005. Terra pericolosa. Edizioni ETS. Pisa.
Bolt B., Horn W.L., Macdonald G.A., Scott R.F. 1977. Geological Hazards. Springer, New York.
Bryant E. 2005. Natural Hazards (2 ediz.). Cambridge Univ. Press, Cambridge.
Carloni G.V. 1994. Geologia applicata. Pitagora Editrice, Bologna.
Carotti A., Latella M.V. 1999. Disastri Naturali: attenuazione. Pitagora, Bologna.
Hyndman D., Hyndman D. 2009. Natural Hazards and Disasters (2 ediz.). Brooks/Cole, New York.
Keller E.A., Blodgett R.H. 2006. Natural Hazards. Pearson Prentice Hall, Upper Saddle River, NJ.
Smith K. 1996. Environmental Hazards. Routledge, Londra.
Hsü K.J. 2002. Physics of sedimentology: textbook and reference. Springer, Berlino.

Parte 1: Terra (divulgazione e saggi)
Datei C. 2005. Vaiont. La storia idraulica. Cortina. Padova.
Dragoni M. 2005. Terrae Motus. Utet, Torino.
Hough S.A. 2004. Earth Shaking Science. Princeton Univ. Press, Princeton.
Nur A., Burgess D. 2008. Apocalypse. Princeton Univ. Press, Princeton.

Zeilinga de Boer J., Sanders D.T. 2005. Earthquakes in human history. Princeton Univ. Press, Princeton.

Semenza E. 2001. La storia del Vaiont raccontata dal geologo che ha scoperto la frana. K-Flash, Ferrara.

Temporelli G. 2011. Da Molare al Vajont. Storie di dighe. Erga edizioni, Genova.

Tributsch H. 1982. When the snakes awake: Animals and Earthquake prediction. MIT Press, Cambridge.

Parte 1: Terra (testi universitari)

Bolt B. 1978. Earthquakes. Freeman and Company, New York.

De Blasio F.V. 2010. Breve Introduzione alla Dinamica delle Frane. Liguori, Napoli.

De Blasio F.V. 2011. Introduction to the physics of landslides. Springer Verlag, Berlino.

Erismann T.H., Abele G. 2001. Dynamics of Rockslides and Rockfalls. Springer, Berlino.

Evans S.G., Degraff J.V. (curatori). 2003. Catastrophic Landslides. Geological Society of America.

Shearer P.M. 2009. Introduction to seismology. Cambridge Univ. Press, Cambridge.

Parte 2: Fuoco (divulgazione o saggi)

Breining G. 2007. Super Volcano. Voyageur Press, St. Paul.

Bullard F. 1978. I vulcani della Terra. Newton Compton, Roma.

Carson R. 2000. Mount St. Helens. The eruption and recovery of a volcano. Sasquatch Books, Seattle.

Faraone D. 2002. I vulcani e l'uomo. Liguori, Napoli.

Fisher R.V., Heiken G., Hulen J.B. 1997. Volcanoes. Crucibles of change. Princeton Univ. Press, Princeton.

Mugnos S. 2011. Vulcani. Quali rischi? Macro Edizioni, Cesena.

Nazzaro A. 2009. Il rischio Vesuvio. Guida Editore, Napoli.

Oppenheimer C. 2011. Eruptions that shook the world. Cambridge Univ. Press, Cambridge.

Savino J., Jones M.D. 2007. Supervolcano. Career Press, Franklin Lakes.

Sigurdsson H. 1999. Melting the Earth. Oxford Univ. Press, New York.

Rosi M., Papale P., Lupi L., Stoppato M. 1999. Vulcani. Mondadori, Milano.

Rothery D.A. 2003. Volcanoes. Teach Yourself. McGraw-Hill, Chicago.

Scarth A. 2009. Vesuvius. A biography. Princeton Univ. Press, Princeton.

Tazieff H. 1976. Vulcani e tettonica. Zanichelli, Bologna.

Zebrowski E 2002 The last days of St. Pierre. Rutgers Univ. Press, New Brunswick.

Zeilinga de Boer J., Sanders D.T. 2002. Volcanoes in human history. Princeton Univ. Press, Princeton.

Parte 2: Fuoco (testi universitari)

Lacroix A. 1904. La Montagne Pelée et ses éruptions. Masson, Parigi.

Francis P., Oppenheimer C. 2004. Volcanoes. Oxford University Press, Oxford.

Giacomelli L., Scandone R. 2007. Vulcani d'Italia. Liguori, Napoli.

Parfitt E.A., Wilson L. 2008. Fundamentals of physical volcanology. Blackwell, Oxford.

Sigurdsson H. (a cura di). 2000. Encyclopedia of Volcanoes. Academic Press, San Diego.

Scandone R., Giacomelli L. 1998. Vulcanologia. Liguori, Napoli.

Riferimenti bibliografici

Berlioz J. 2002. In: L'Alpe-la grande paura (numero 7 dicembre 2002). Priuli e Verlucca, Torino.

Broili L. 1967. New Knowledges on the Geomorphology of the Vaiont Slide Slip Surfaces. *Rock Mechanics and Engineering Geology* 5, 38-88.

Erismann T.H. 1979. Mechanisms of large landslides. *Rock Mechanics and Rock Engineering* 12, 5-46.

Erismann T.H. 1985. Flowing, Rolling, Bouncing, Sliding: Synopsis of Basic Mechanisms. *Acta Mechanica* 64, 101-110.

Genevois R., Ghirotti M. 2005. The 1963 Vaiont landslide. *Giornale di Geologia Applicata* 1, 41-52.

Kozak J., Rybar J. 2003. Pictorial series of the manifestations of the dynamics of the Earth. 3. Historical images of landslides and rock falls. *Studia geophysica et geodaetica* 47, 221-232.

Heim A. 1932. Bergsturz und Menschenleben. Fretz und Wasmuth, Zürich.

Hendron A.J., Patton F.D. 1985. The Vaiont slide, a Geotechnical Analysis based on New Geologic Observations of the Failure Surface. I, II technical reports GL-85-5, U.S. Army Eng. Waterways Experiment Station, Vicksburg, MA.

Hsü K.J. 1991. Catastrophic debris streams (Sturzstroms) generated by rockfalls. *Geol. Soc. Am. Bull.* 86, 129-140.

Hsü K.J. 1978. Albert Heim: Observations on landslides and relevance to modern interpretation. In: Rockslides and avalanches, 1. Voight B. (curatore). Elsevier, Amsterdam.

Mozco P., Rovelli A., Labak P., Malagnini L. 1995. Seismic response of the geologic structure underlying the Roman Colosseum and a 2-D resonance of a sediment valley; *Annali di Geofisica* XXXVIII 5-6, 939-956.

Müller L. 1964. The rock slide in the Vaiont valley. *Rock Mechanics and Engineering Geology* 2, 3/4, 148-212.

Von Porchinger A. 2002. Large rockslides in the: A commentary on the contribution of G. Abele (1937-1994) and a review of some recent developments. In: Catastrophic Landslides, Evans S.G. e DeGraff J.V. (a cura di). Geol. Soc. Am. Rev. Eng. Geol. Vol. XV.

i blu – pagine di scienza

Volumi pubblicati

R. Lucchetti *Passione per Trilli. Alcune idee dalla matematica*

M.R. Menzio *Tigri e Teoremi. Scrivere teatro e scienza*

C. Bartocci, R. Betti, A. Guerraggio, R. Lucchetti (a cura di) *Vite matematiche. Protagonisti del '900 da Hilbert a Wiles*

S. Sandrelli, D. Gouthier, R. Ghattas (a cura di) *Tutti i numeri sono uguali a cinque*

R. Buonanno *Il cielo sopra Roma. I luoghi dell'astronomia*

C.V. Vishveshwara *Buchi neri nel mio bagno di schiuma ovvero L'enigma di Einstein*

G.O. Longo *Il senso e la narrazione*

S. Arroyo *Il bizzarro mondo dei quanti*

D. Gouthier, F. Manzoli *Il solito Albert e la piccola Dolly. La scienza dei bambini e dei ragazzi*

V. Marchis *Storie di cose semplici*

D. Munari *novepernove. Sudoku: segreti e strategie di gioco*

J. Tautz *Il ronzio delle api*

M. Abate (a cura di) *Perché Nobel?*

P. Gritzmann, R. Brandenberg *Alla ricerca della via più breve*

P. Magionami *Gli anni della Luna. 1950-1972: l'epoca d'oro della corsa allo spazio*

E. Cristiani *Chiamalo x! Ovvero Cosa fanno i matematici?*

P. Greco *L'astro narrante. La Luna nella scienza e nella letteratura italiana*

P. Fré *Il fascino oscuro dell'inflazione. Alla scoperta della storia dell'Universo*

R.W. Hartel, A.K. Hartel *Sai cosa mangi? La scienza del cibo*

L. Monaco *Water trips. Itinerari acquatici ai tempi della crisi idrica*

A. Adamo *Pianeti tra le note. Appunti di un astronomo divulgatore*

C. Tuniz, R. Gillespie, C. Jones *I lettori di ossa*

P.M. Biava *Il cancro e la ricerca del senso perduto*

G.O. Longo *Il gesuita che disegnò la Cina. La vita e le opere di Martino Martini*

R. Buonanno *La fine dei cieli di cristallo. L'astronomia al bivio del '600*

R. Piazza *La materia dei sogni. Sbirciatina su un mondo di cose soffici (lettore compreso)*

N. Bonifati *Et voilà i robot! Etica ed estetica nell'era delle macchine*

A. Bonasera *Quale energia per il futuro? Tutela ambientale e risorse*

F. Foresta Martin, G. Calcara *Per una storia della geofisica italiana. La nascita dell'Istituto Nazionale di Geofisica (1936) e la figura di Antonino Lo Surdo*

P. Magionami *Quei temerari sulle macchine volanti. Piccola storia del volo e dei suoi avventurosi interpreti*

G.F. Giudice *Odissea nello zeptospazio. Viaggio nella fisica dell'LHC*

P. Greco *L'universo a dondolo. La scienza nell'opera di Gianni Rodari*

C. Ciliberto, R. Lucchetti (a cura di) *Un mondo di idee. La matematica ovunque*

A. Teti *PsychoTech - Il punto di non ritorno. La tecnologia che controlla la mente*

R. Guzzi *La strana storia della luce e del colore*

D. Schiffer *Attraverso il microscopio. Neuroscienze e basi del ragionamento clinico*

L. Castellani, G.A. Fornaro *Teletrasporto. Dalla fantascienza alla realtà*

F. Alinovi *GAME START! Strumenti per comprendere i videogiochi*

M. Ackmann *MERCURY 13. La vera storia di tredici donne e del sogno di volare nello spazio*

R. Di Lorenzo *Cassandra non era un'idiota. Il destino è prevedibile*

W. Gatti *Sanità e Web. Come Internet ha cambiato il modo di essere medico e malato in Italia*

A. De Angelis *L'enigma dei raggi cosmici*

J.J. Cadenas *L'ambientalista nucleare. Alternative al cambiamento climatico*

N. Bonifati, G.O. Longo *Homo Immortalis*

M. Capaccioli, S. Galano *Arminio Nobile e la misura del cielo*

F. De Blasio *Aria, acqua, terra e fuoco - Volume I. Terremoti, frane ed eruzioni vulcaniche*

Di prossima pubblicazione

L. Boi *Pensare l'impossibile. Dialogo infinito tra arte e scienza*

F. De Blasio *Aria, acqua, terra e fuoco - Volume II. Uragani, alluvioni, tsunami e asteroidi*

GPSR Compliance
The European Union's (EU) General Product Safety Regulation (GPSR) is a set
of rules that requires consumer products to be safe and our obligations to
ensure this.

If you have any concerns about our products, you can contact us on

ProductSafety@springernature.com

In case Publisher is established outside the EU, the EU authorized
representative is:

Springer Nature Customer Service Center GmbH
Europaplatz 3
69115 Heidelberg, Germany

www.ingramcontent.com/pod-product-compliance
Lightning Source LLC
LaVergne TN
LVHW010319200726
843507LV00010B/1287